MODELAGEM PLANA FEMININA

MODELAGEM PLANA FEMININA

Métodos de modelagem plana
por Vitorino Campos

Medidas atualizadas para a
silhueta da mulher brasileira

Editora Senac Rio – Rio de Janeiro – 2023

Modelagem plana feminina: métodos de modelagem plana por Vitorino Campos © Vitorino Campos, 2023.

Direitos desta edição reservados ao Serviço Nacional de Aprendizagem Comercial – Administração Regional do Rio de Janeiro.

Vedada, nos termos da lei, a reprodução total ou parcial deste livro.

SENAC RJ

Presidente do Conselho Regional
Antonio Florencio de Queiroz Junior

Diretor Regional
Sergio Arthur Ribeiro da Silva

Diretor de Operações Compartilhadas
Pedro Paulo Vieira de Mello Teixeira

Assessor de Inovação e Produtos
Claudio Tangari

Editora Senac Rio
Rua Pompeu Loureiro, 45/11º andar
Copacabana – Rio de Janeiro
CEP: 22061-000 – RJ
comercial.editora@rj.senac.br
editora@rj.senac.br
www.rj.senac.br/editora

Gerente/Publisher: Daniele Paraiso
Coordenação editorial: Cláudia Amorim
Prospecção: Manuela Soares
Coordenação administrativa: Alessandra Almeida
Coordenação comercial: Alexandre Martins

Preparação de texto/copidesque/revisão de texto: Cláudia Amorim e Gypsi Canetti
Projeto gráfico de capa e miolo: Vinícius Moura
Diagramação: Vinícius Silva

Impressão: Imos Gráfica e Editora Ltda.
1ª edição: setembro de 2023

CIP-BRASIL. CATALOGAÇÃO-NA-FONTE
SINDICATO NACIONAL DOS EDITORES DE LIVROS, RJ

C218m

    Campos, Vitorino
        Modelagem plana feminina : métodos de modelagem plana / Vitorino Campos. - 1. ed. - Rio de Janeiro : Ed. SENAC Rio, 2023.
        132 p. ; 23 cm.

    "Medidas atualizadas para a silhueta da mulher brasileira"
    ISBN 978-85-7756-489-7

       1. Modelagem. 2. Roupas - Confecção - Moldes. 3. Corte e costura - Feminina. I. Título.

23-84910
                                    CDD: 687.0688
                                    CDU: 687.051-055.2

Meri Gleice Rodrigues de Souza - Bibliotecária - CRB-7/6439

ÀS INACREDITÁVEIS MULHERES QUE DE ALGUM MODO PARTICIPARAM DA MINHA JORNADA.

SUMÁRIO

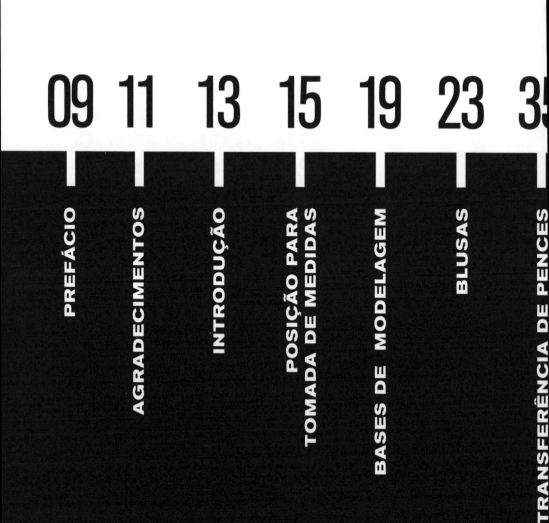

- 09 PREFÁCIO
- 11 AGRADECIMENTOS
- 13 INTRODUÇÃO
- 15 POSIÇÃO PARA TOMADA DE MEDIDAS
- 19 BASES DE MODELAGEM
- 23 BLUSAS
- 35 TRANSFERÊNCIA DE PENCES

43	59	73	87	99	115
SAIAS	VESTIDOS	CALÇAS	MANGAS	GOLAS	MACACÃO

PREFÁCIO

Enquanto aprofundava minhas pesquisas científicas sobre a moda na esfera conceitual, buscando decifrar relações entre a moda, a arquitetura e a cidade, um aluno do curso Design de Moda me chamava à atenção de modo muito particular. Vitorino Campos, ainda menino, notoriamente se destacava ao expressar seu interesse em compreender os conceitos atribuídos à moda, sempre questionando e debatendo sobre tudo o que lhe parecia desconhecido e instigante.

Ainda naquela época, sua capacidade criativa e sensível aplicada às ideias provocantes foi, inevitavelmente, reconhecida em um desfile para uma tecelagem, que o projetou nacionalmente. Era apenas o início de uma trajetória de desafios que se potencializaram em outras dimensões e confirmavam seu sucesso, conquistado com muito estudo, dedicação e amadurecimento da sua percepção cultural e artística.

Ao longo dos anos subsequentes, enquanto nossas intermináveis prosas convergiam para a inquietude de questionar as tênues linhas entre a moda e a arte, Vitorino passou a trabalhar com modelagens cada vez mais complexas, como se instintivamente buscasse materializar a essência dos conceitos que não dissociam as artes das arquiteturas ou das roupas. Agora, observando os desenhos técnicos que ele apresenta neste livro editado pelo Senac, percebo a precisão dos traços projetuais que servem de estrutura para suas criações fluidas. Suas linhas traduzem diagramas, como as plantas arquitetônicas, confirmando o seu domínio sobre a modelagem plana feminina no âmbito da ciência, que é discursiva ao sugerir um plano de referência que objetiva criar funções, pressupondo variáveis e limites.

Para melhor compreender o estudo que este livro tem como proposta e suas conexões com outras áreas do saber, cabe trazer à baila o conceito Heterogênese (Deleuze e Guattari), como formas de pensar e criar arte, ciência e filosofia – questões que estiveram sempre presentes no trabalho e na vida do autor. Conforme ressalta Pasqualino Magnavitta, o clímax da Heterogênese ocorre quando o conceito (filosofia) se torna conceito de função (ciência) ou conceito de sensação (arte); quando a função (ciência) se torna função de conceito (filosofia) ou função de sensação (arte); quando a sensação (arte) se torna sensação de conceito (filosofia) ou sensação de função (ciência).

Ao fazer do pensamento uma heterogênese, é impossível conhecer a proposta técnica aqui apresentada e não imaginar as múltiplas possibilidades de ver esses desenhos estruturais alicerçando peças modais. Apesar do perfeccionismo, que sempre foi basal às suas criações, é na lógica do sentido, no universo da arte, que Vitorino demonstra sua elevada sensibilidade perceptiva e afetiva do universo criativo para fazer moda na esfera do acontecimento, ante a multiplicidade e heterogeneidade de questões e problemas tratados na interface de tópicos que envolvem referências históricas, sociais, culturais e políticas.

Apraz-me, finalmente, afirmar para o leitor que se trata de um livro singular, resultado de uma complexa e expressiva pesquisa, que evidencia a elevada intensidade de percepção e afeto do autor em relação ao vestuário, particularmente por se tratar de uma interconexão entre diferentes saberes e poderes: moda e arquitetura. Conhecimentos estes que têm um denominador comum no universo da arte, o paradigma ético-estético, possibilitando que a moda seja percebida em sua dimensão estética da *poiesis*, enquanto objeto de desejo, por meio dos processos subjetivos que evidenciam devaneios, fantasias, seduções, vertigens, afetos e esperanças nas dimensões ética e estética. O trabalho diferenciado de Vitorino Campos confirma que a moda pode ser decodificada com base na tríade: saber, poder e subjetivação.

MÁRCIA COUTO MELLO

AGRADECIMENTOS

Agradeço a minha família, amigos e todos que estiveram a meu lado durante a jornada de criação deste livro. As palavras de incentivo e valiosas contribuições foram essenciais para torná-lo realidade.

De coração, a minha mãe, Maria Elizier Campos, e a minha tia, Ineuzita Campos, base sólida e fonte inesgotável de amor e inspiração. Suas palavras de encorajamento e a dedicação incondicional sempre me motivaram a buscar a excelência em tudo o que faço.

A Natalia Troccoli, Michael Vendola, Thiago Batista, Ágata Fidelis e Guilherme Ribeiro, amigos que sempre me apoiaram e acreditaram em mim, meus sinceros agradecimentos.

Não posso deixar de agradecer a todos os colaboradores envolvidos no projeto, especialmente àqueles que contribuíram com a expertise tanto na área de modelagem plana quanto na revisão e edição deste manual: Noêmia Louvet e Ozenir Ancelmo, cujos comprometimento e empenho foram fundamentais.

Minha profunda gratidão a Márcia Melo pela generosidade em compartilhar seu conhecimento, com palavras e reflexões fonte de inspiração. Sou imensamente grato pela contribuição especial a esta obra.

Que este livro seja uma ferramenta valiosa para estilistas, costureiras, estudantes e entusiastas da moda, inspirando-os a criar peças que transmitam beleza, conforto e confiança às mulheres.

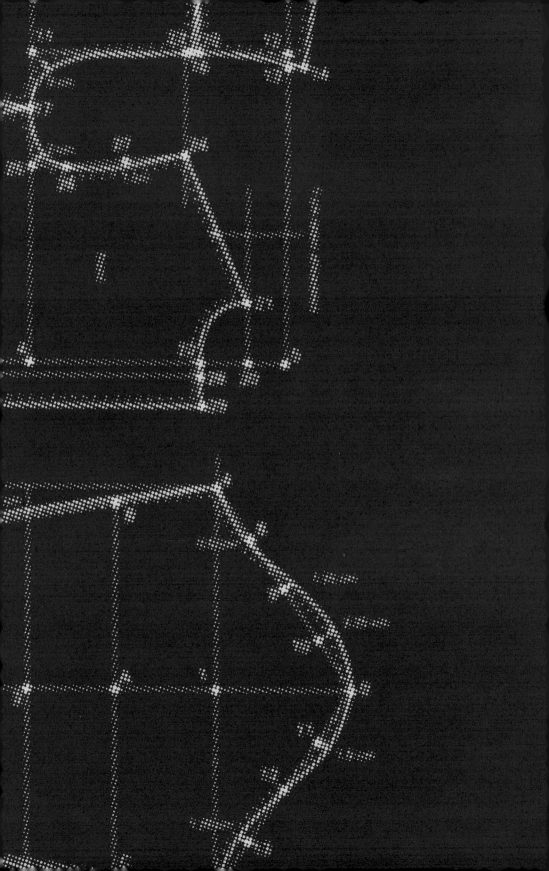

INTRODUÇÃO

Modelagem plana é a técnica fundamental para criar peças de roupa com precisão e ajuste perfeito ao corpo. Contudo, muitas vezes os padrões de modelagem baseiam-se em medidas que não correspondem ao corpo feminino brasileiro. Tentando suprir essa lacuna, apresentamos esta escrita como um convite à valorização da diversidade e para o fortalecimento da moda inclusiva no Brasil.

Este livro é um guia prático, com abordagem inovadora para a modelagem de roupas femininas, cuidadosamente desenvolvido com a ajuda de profissionais da moda com ampla experiência no tema e em entender as necessidades, os desejos e as características únicas do corpo da mulher brasileira.

Em *Modelagem plana feminina: métodos de modelagem plana por Vitorino Campos* você encontra medidas atualizadas que refletem a estética de nosso país. Além disso, o conteúdo é apresentado de forma clara e detalhada, com ilustrações passo a passo e instruções precisas para a criação de diversos tipos de peças, proporcionando a profissionais, estudantes e entusiastas ferramenta indispensável para a produção de roupas que se adaptem e valorizem os diferentes corpos brasileiros.

Com a modelagem plana atualizada, é possível criar peças que transmitam conforto, beleza e autoconfiança, independentemente de tamanho ou forma.

Prontos para mergulhar em uma nova era da modelagem plana feminina? Então, vamos começar essa jornada juntos, celebrando a beleza de cada mulher brasileira.

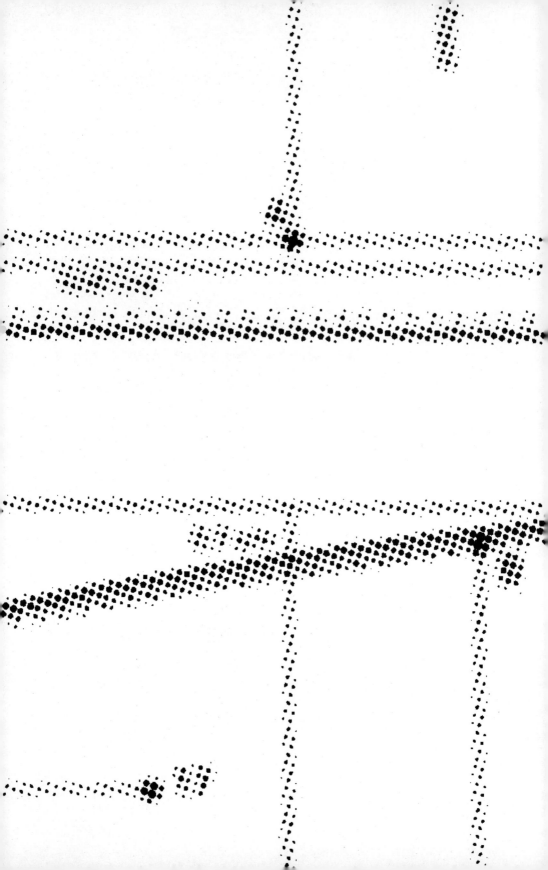

POSIÇÃO PARA TOMADA DE MEDIDAS

MODELAGEM PLANA FEMININA

Os números apresentados correspondem à tabela de medidas que se encontra na página seguinte.

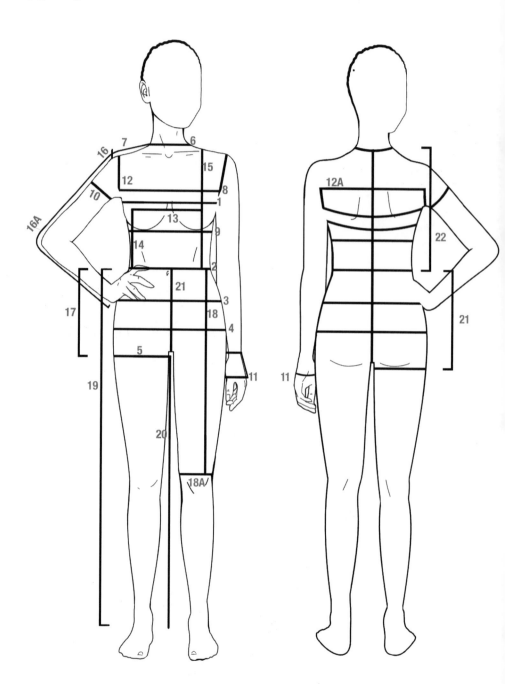

Posição para tomada de medidas

Tabela de medidas em centímetros

	TAMANHO	34	36	38	40	42	44	46
1	Busto	80	84	88	92	96	100	104
2	Cintura	62	66	70	74	78	82	86
3	Cintura baixa	76	80	84	88	92	96	100
4	Quadril	90	94	98	102	106	110	114
5	Coxa	55	57	59	61	63	65	67
6	Pescoço	35	36	37	38	39	40	41
7	Ombro	11,5	12	12,5	13	13,5	14	14,5
8	Tórax	77	81	85	89	93	97	101
9	Diafragma	66	70	74	78	82	86	100
10	Bíceps	23,5	25,5	27,5	29,5	31,5	33,5	35,5
11	Punho	14,5	15	15,5	16	16,5	17	17,5
12	Entrecavas (frente)	30	30,5	31	31,5	32	32,5	33
12A	Entrecavas (costas)	34,5	35	35-5	36	36,5	37	37,5
13	Distância entre bustos	18	19	20	21	22	23	24
14	Altura do busto à cintura	15	15	15	15,5	16	16,5	17
15	Altura da frente	42	42	43	43	44	44	45
16	Comprimento da manga	62	62	62	62	62	62	62
16A	Comprimento do cotovelo	39,5	41	41,5	42	42,5	43	43,5
17	Altura do quadril	20	20	20	21	21	21	21,5
18	Altura do joelho	59,5	60	60,5	61	61,5	62	62,5
18A	Largura do joelho	54	55	56	57	58	59	60
19	Comprimento da calça	106	107	108	109	110	111	112
20	Altura entrepernas	78,5	79	79,5	80	80,5	81	81,5
21	Altura do gancho	24,5	25	25,5	26	26,5	27	27,5
22	Altura das costas	41	41,5	42	42,5	43	43,5	44

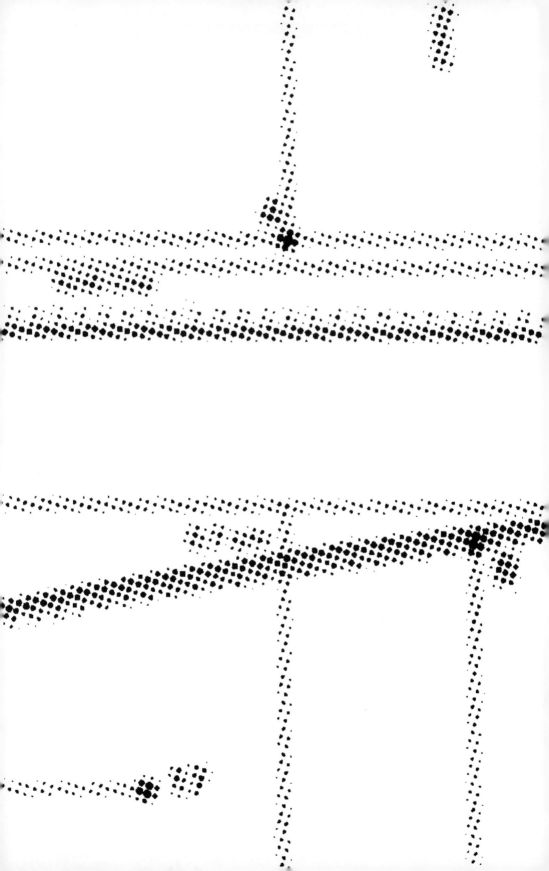

BASES DE MODELAGEM

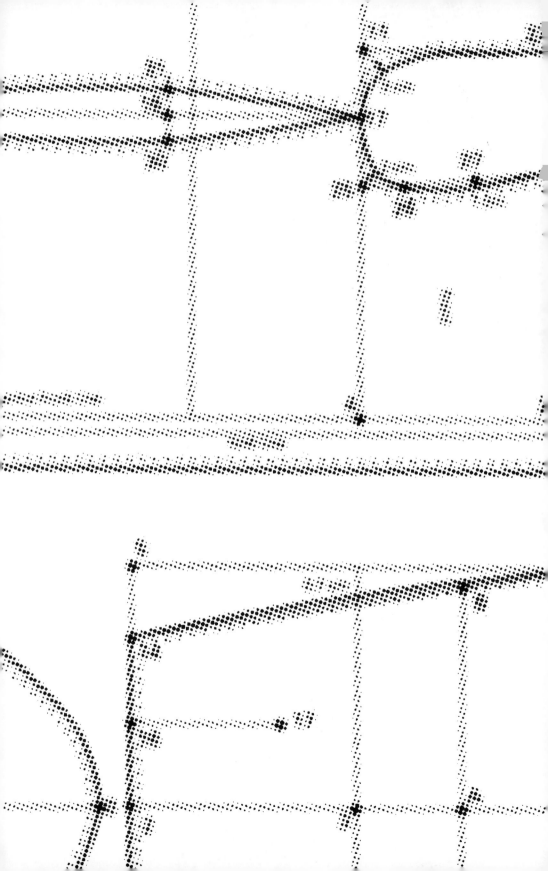

Bases de modelagem

Para a construção das bases apresentadas, utilizamos como medida-padrão o tamanho 40 de nossa tabela de medidas comerciais.

As bases são construídas sem folga de vestibilidade, bem coladas ao corpo, para facilitar a interpretação das variantes de modelo.

OS MODELOS (VARIANTES DAS BASES)

Os modelos apresentados serão desenvolvidos com base no tamanho 40. Não estão inclusos nos moldes os valores de costura.

GRÁFICOS E CONSTRUÇÕES

Para compreensão do passo a passo da construção dos moldes, utilizamos letras, números e setas. As letras e os números marcam os pontos de medidas na construção. As setas indicam a direção a seguir de uma letra à outra; assim, é fácil: basta seguir a seta para encontrar a direção em que se deve aplicar a medida recomendada.

As medidas entre colchetes referem-se ao tamanho 40 da tabela e são variáveis de acordo com o tamanho escolhido. As outras medidas poderão ser aplicadas a todos os tamanhos para a construção das bases.

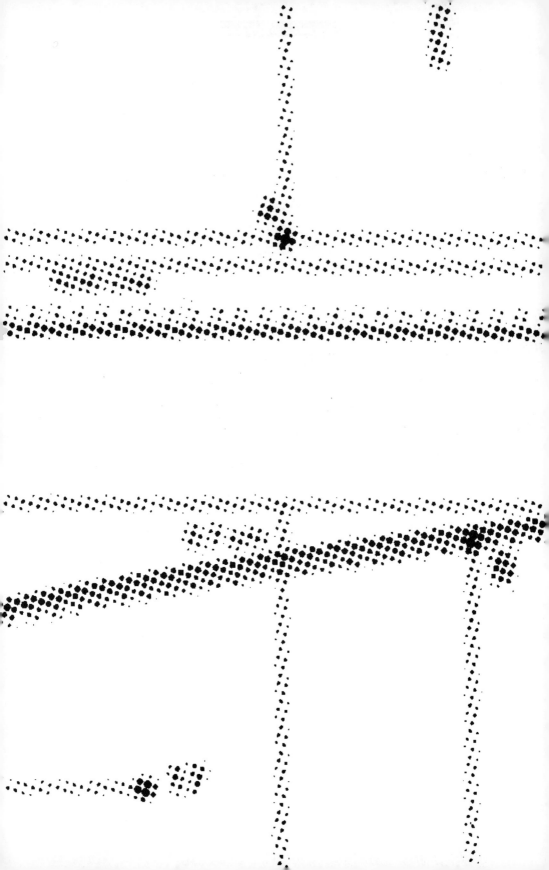

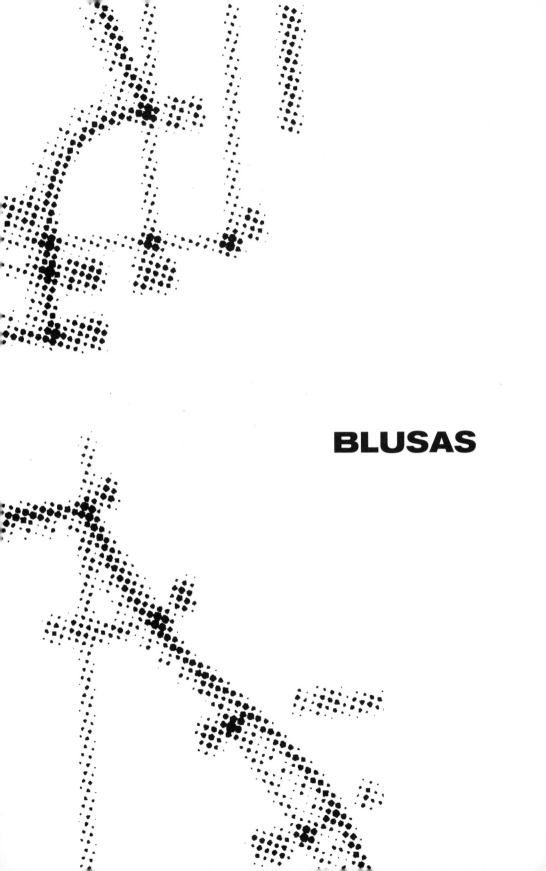

BLUSAS

MODELAGEM PLANA FEMININA

Para nossa base de blusa, usaremos, na construção, uma pence horizontal lateral na altura do busto e uma pence vertical que se inicia na cintura e finaliza no busto.

Blusas

QUADRO-BASE PARA CONSTRUÇÃO DA BASE DE BLUSA

Frente e costas (Figura 1)

$A \rightarrow C$ = 1/2 da circunferência do busto + 2,0 cm de espaço de construção entre frente e costas.

$A \rightarrow B$ = 1/4 de circunferência do busto + 1,0 cm = [24,0 cm]

Esquadrar os pontos A, B e C para baixo, a fim de encontrar os pontos.

$A \downarrow F$, $B \downarrow E$, $C \downarrow D$ terão o mesmo valor, ou seja, altura das costas + 2,0 cm: 42,5 + 2 = [44,5 cm]

Marcar o ponto A_1: deslocamento da costura do ombro para a frente.

$A \downarrow A_1$ = [1,0 cm]

$A_1 \rightarrow A_2$ = ligar o ponto A_1 a A_2.

Linha do busto $F \uparrow F_1$, $E \uparrow E_1$, $D \uparrow D_1$ = altura do busto à cintura na tabela = [18,0 cm]

Linha de entrecavas $F_1 \uparrow F_3$ = [10,0 cm] | $D_1 \uparrow D_3$ = $F_1 \uparrow F_3$ = [10,0 cm]

Linha de cava $F_1 \uparrow F_2$ = 1/2 de $F_1 \uparrow F_3$ = [5,0 cm] | $D_1 \uparrow D_2$ = $F_1 \uparrow F_2$ = [5,0 cm]

Blusas

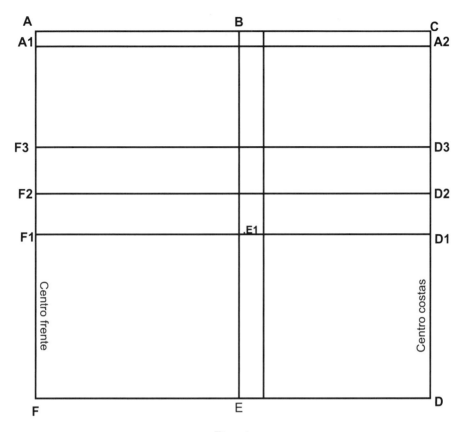

Figura 1

Traçado da frente (Figura 2)

A1 → **A2** = Circunferência do pescoço : 5,5 = [6,9 cm]

A1 → **A3** = Altura do busto à cintura + 1 = [19,0 cm]

A3 ↓ **A4** = Queda do ombro = [4,0 cm]

A2 ⟍ **A5** = Linha do ombro, ligar **A2** a **A4** e prolongar até medida do ombro = [13,0 cm]

A1 ↓ **F4** = Pescoço : 5,5 = [6,9 cm]

A1 ⟍ **F5** = **A1** ↓ **F4** = Em ângulo de 45° = [6,9 cm]

F1 → **G** = **A1** → **A3** = Medida do busto à cintura = [18,0 cm]

F1 → **O** = 1/2 da distância entre bustos = [10,5 cm]

O → **O1** = **O** ↓ **O2** = [2,0 cm] (final da pence)

E1 ↓ **E3** = Medida da pence do busto = [3,0 cm]

E3 ↑ **E2** = 1/2 da medida da pence do busto = [1,5 cm]

E1 ↑ **G1** = [5,5 cm]

G ↑ **G2** = [7,0 cm]

F3 → **G3** = 1/2 de entrecavas frente = [15,75 cm]

F → **H** = **F1** → **O** = [10,5 cm]

H → **H1** = **H** ← **H2** = 1/2 da pence cintura = [1,0 cm]

F → **I** = 1/4 da cintura + 1 + 2 (medida da pence cintura) = [21,5 cm]

Blusas

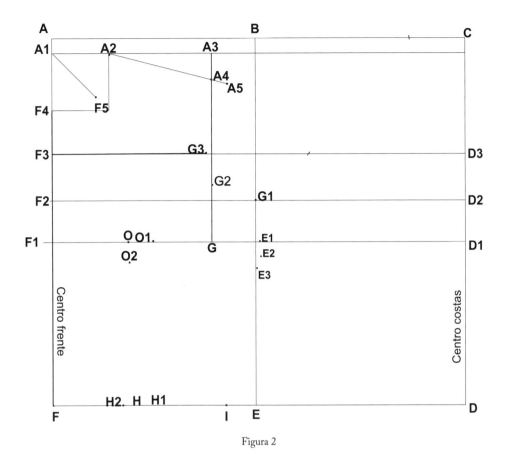

Figura 2

MODELAGEM PLANA FEMININA

Traçado das costas (Figura 3)

C ↓ D Altura das costas + 3,5 = [46 cm]

C ← C1 Circunferência do pescoço 38,0 : 5,5 = [6,9 cm]

C ↓ C2 Descer 2,0 cm.

C1 ↓ Esquadrar até 3,0 cm para baixo.

C2 ← Esquadrar até 8,0 cm para a esquerda.

C3 Na interseção de **C1** e **C2**.

C3 ⁄ C4 Em ângulo de 45°, subir [1,5 cm]

C5 ← Na linha de **C2**, marcar 2,0 cm.

C ← J 1/2 de entrecavas frente.

J ↓ J0 Rebaixamento de ombro [5,0 cm]

C1 ⟋ J1 Medida de ombro da tabela, passando pelo ponto **J0** [13,0 cm]

J ↓ P1 Esquadrar até linha **D1**.

P1 ↑ J2 Subir 4,5 cm.

D2 ↓ K Medida da profundidade da pence lateral [3,0 cm]

K1 ← Esquadrar o ponto **K** até medida de 1/4 do busto - 1 [22,0 cm]

K ↓ P Medida da linha **G1** até **E1** do traçado frente [5,5 cm]

P0 ← Esquadrar **P** para esquerda até medida de **K1** [22,0 cm]

D3 ← J3 1/2 da medida entrecavas costa [18,0 cm]

D ← D0 [1,0 cm]

D0 ← L 1/4 da medida da cintura - 1 + 3 (medida da pence das costas) = [20,5 cm]

L → L1 1/2 de **D0** para **L** [10,25 cm]

L ↑ L0 Esquadrar **L** até linha **P**.

L1 → L2 = L1 ← L3 1/2 da pence das costas [1,5 cm]

Blusas

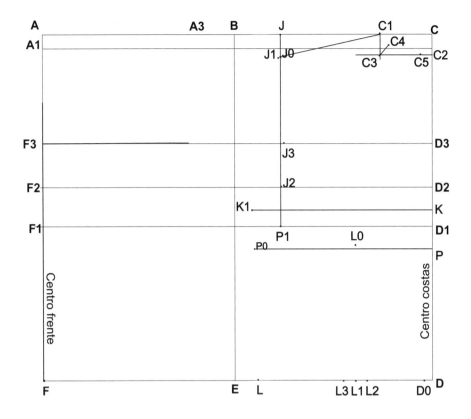

Figura 3

LIGANDO OS PONTOS PARA CONTORNAR AS BASES

Frente e costas (Figura 4)

Ligar os pontos assinalados das bases frente e costas com a régua curva.

H1 ← H2 e **L3 → L2** Dobrar a pence da cintura, frente e costas, jogando o meio para a lateral, e marcar a linha de cintura com carretilha para determinar a nova curva de cintura e o "chapéu" da pence.

E3 ↑ E1 Dobrar **E3** sobre **E1**, jogando o fundo da pence para baixo, e retraçar com carretilha a nova linha lateral a partir da marcação da carretilha para formar o "chapéu" da pence.

Na **Figura 5**, tem-se o resultado final após a separação das bases frente e costas. Recorte sua base final em papel-cartão para facilitar o contorno desta no momento de transformá-la em variantes de modelos.

Blusas

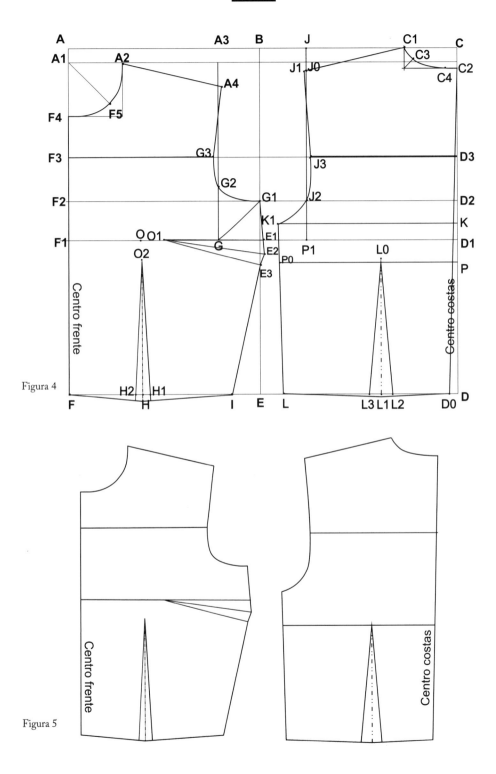

Figura 4

Figura 5

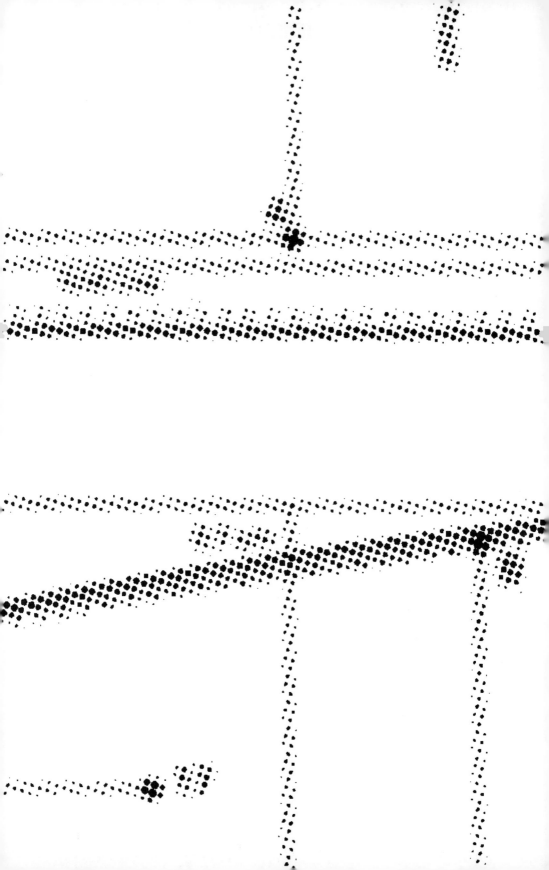

TRANSFERÊNCIA DE PENCES

MODELAGEM PLANA FEMININA

Na construção da modelagem em tecido plano, é imprescindível a utilização de pences para ajustar o molde ao corpo. Essas pences, se aplicadas ao molde-base, conseguem ser deslocadas para vários ângulos do corpo, a fim de interpretar corretamente o modelo desejado e proporcionar melhor vestibilidade.

Muitas vezes, é possível transferir as pences para recortes, pregas, franzidos, volumes localizados etc.; tudo depende do modelo escolhido. Em modelos mais conceituais (desfiles de moda ou instalações artísticas), essas transferências tornam-se cada vez mais inusitadas e podem ser utilizadas para oferecer à roupa uma nova estética.

Em construções comerciais, é preciso ter sempre muita atenção às pences, que são muito importantes para o bom caimento do modelo e para uma ergonomia perfeita. As transferências de pences serão calculadas e analisadas com cautela para que não criem volumes inadequados à estética comercial do modelo. Para melhor exemplificar as pences, apresentamos a seguir os melhores e os mais utilizados ângulos para transferi-las de maneira harmônica e formar, assim, uma boa "caixa" de busto e oferecer boa vestibilidade.

Esquema de transferência de pences

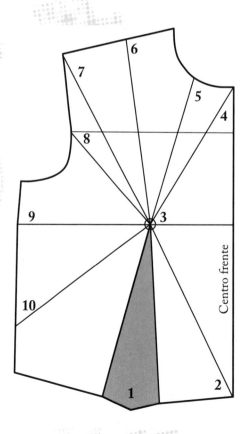

1. 1/4 da cintura frente
2. 1/2 da cintura frente
3. Busto centro frente
4. 1/2 do decote frente
5. 1/4 do decote frente
6. Meio do ombro
7. Ponta do ombro
8. Meio da cava
9. Busto lateral frente
10. Lateral enviesada

Transferência de pences

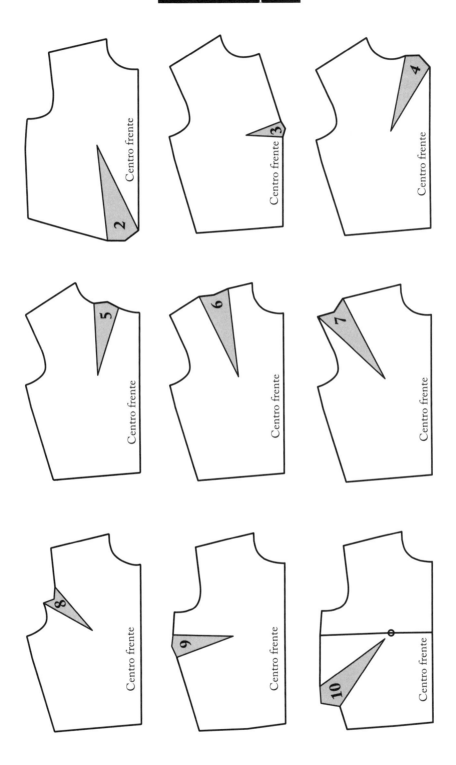

MODELAGEM PLANA FEMININA

Exemplo de modelo com pence no ombro

Seguir o passo a passo das **Figuras 1**, **2**, **3** e **4**.

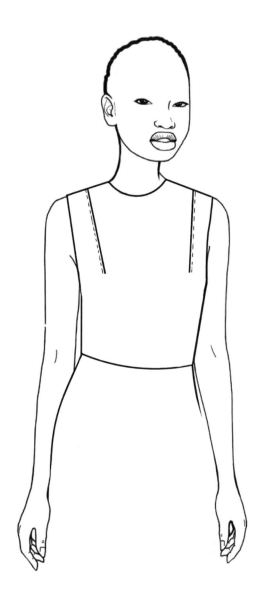

Transferência de pences

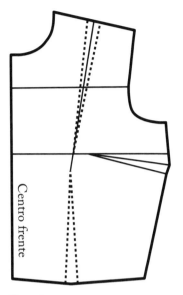

Figura 1

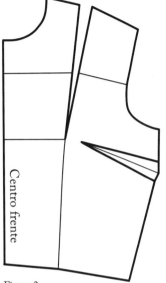

Figura 2

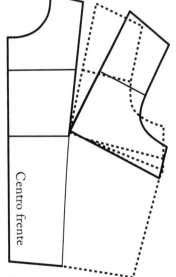

Figura 3

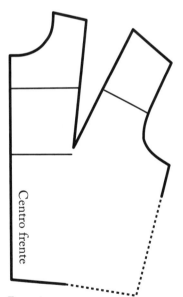

Figura 4

MODELAGEM PLANA FEMININA

Exemplo de modelo com pence lateral enviesada

Passo a passo (**Figuras 1** e **2**).

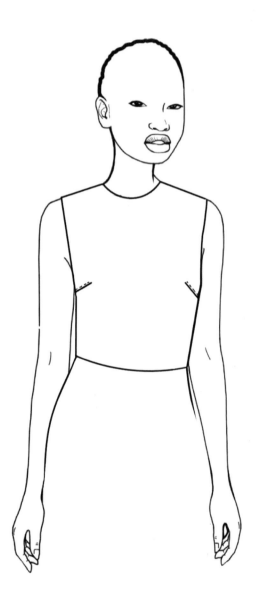

Transferência de pences

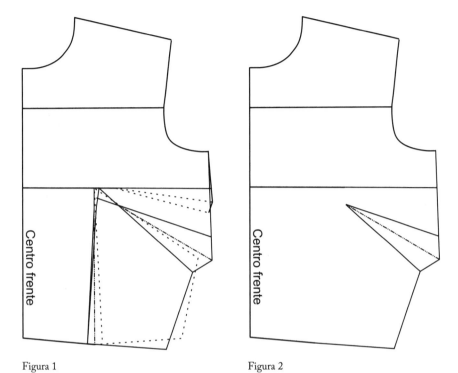

Figura 1   Figura 2

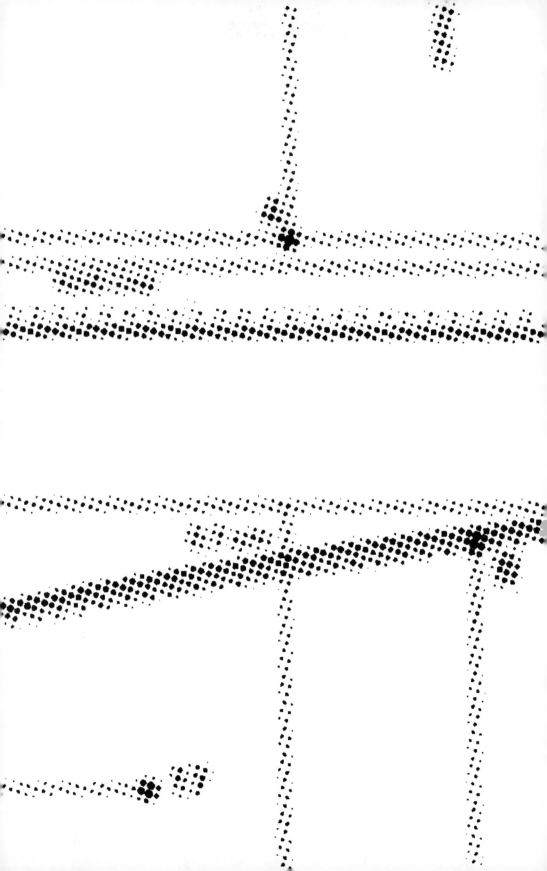

SAIAS

MODELAGEM PLANA FEMININA

A base de saia é ideal para interpretar outros modelos.

Saia evasê com transferência de pence desenvolvida da base, saia godê de meia roda e saia godê de roda inteira (guarda-chuva).

Para as saias godê, não precisamos da base para traçar o molde. Utilizamos as medidas de comprimento e de circunferência de cintura para calcular e traçar o molde.

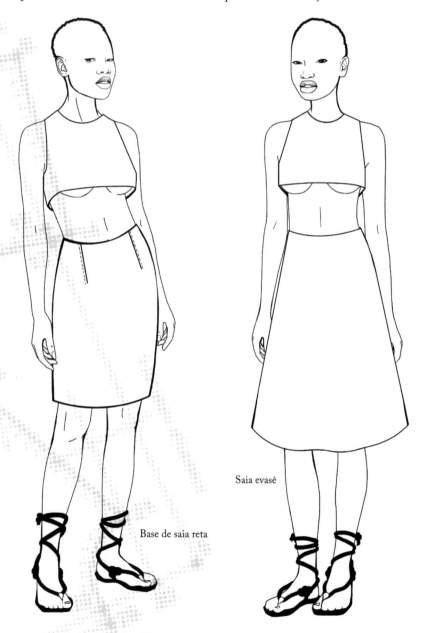

Saia evasê

Base de saia reta

Saias

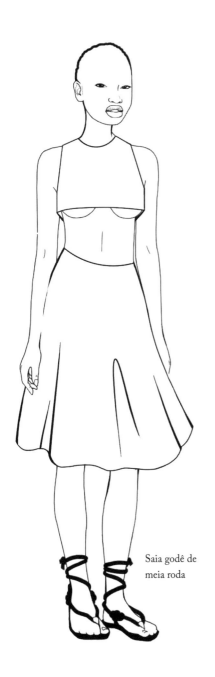

Saia godê de
meia roda

Saia godê de
roda inteira

BASE DE SAIA RETA

Traçado do quadrado-base (Figura 1)

1 → 2 Esquadrar e marcar a medida de 1/2 do quadril [51,0 cm]

2 ↓ 3 Esquadrar e marcar o comprimento da saia (altura do joelho) [61,0 cm]

3 ← 4 Mesma medida de **1 → 2** [51,0 cm]

1 ↓ 5 Altura do quadril [21,0 cm]

2 ↓ 6 Mesma medida de **1 ↓ 5** [21,0 cm]

1 → 7 1/4 da medida do quadril = 25,5 + 1 de folga [26,5 cm]

4 → 8 Mesma medida de **1 → 7** [26,5 cm]

Saias

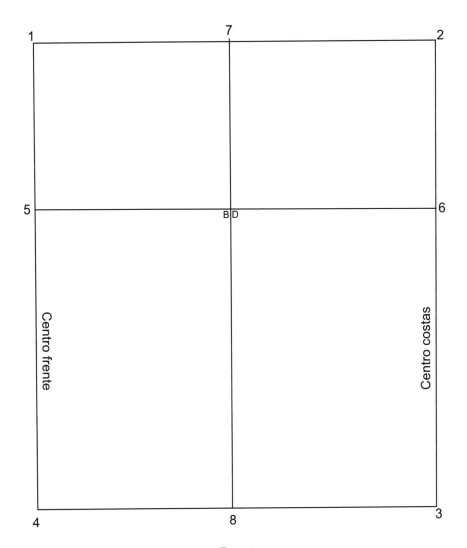

Figura 1

MODELAGEM PLANA FEMININA

Frente (Figura 2)

1 ↓ A Descer 1,0 cm.

1 → A1 1/4 da circunferência da cintura + 1 + 2 da pence frente [21,5 cm]

1 → A2 1/2 de **1 → A1** [10,75 cm]

A2 ↓ A3 Comprimento da pence [9,5 cm]

A2 → A5 = **A2 ← A4** [1,0 cm] (Valor total da pence = 2,0 cm)

A → A0 Esquadrar em linha reta até 1/2 de **1 → A2** [5,3 cm]

Costas (Figura 2)

2 ↓ C Descer 1,5 cm.

2 ← C0 Esquadrar 1,0 cm para a esquerda.

C0 ← C1 1/4 da circunferência da cintura - 1 + 3 da pence frente [20,5 cm]

C1 → C2 1/2 de **C0 ← C1** [10,25 cm]

C2 ↓ C3 Comprimento da pence [11,5 cm]

C2 ← C5 = **C2 → C4** [1,5 cm] (Valor total da pence = 3,0 cm)

C0 ↓ E Esquadrar 1,5 cm para baixo.

C ← Esquadrar até 7,0 cm para esquerda.

E ← D0 1/2 de **C1 → C2** [5,12 cm]

Saias

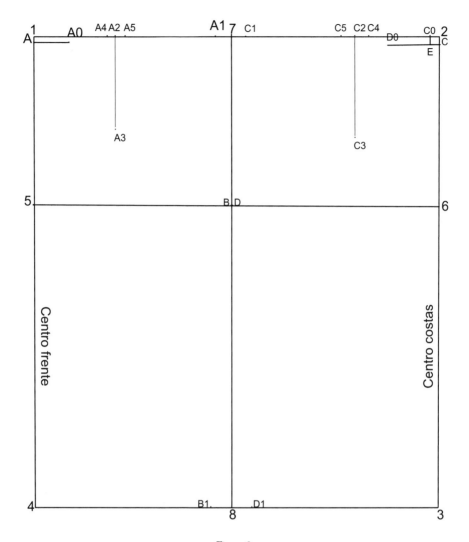

Figura 2

MODELAGEM PLANA FEMININA

Ligando os pontos (Figura 3)

Ligar os pontos assinalados das bases frente e costas com a régua curva.

Dobrar a pence e utilizar a carretilha para encontrar o fundo da pence.

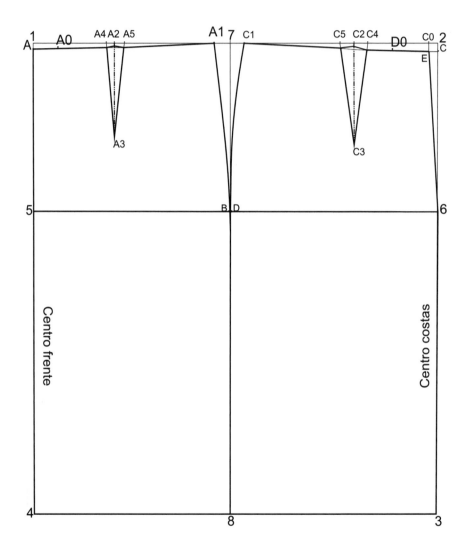

Figura 3

Na **Figura 4**, tem-se o resultado após a separação das bases frente e costas. Recorte a base final em papel-cartão para facilitar o contorno desta no momento de transformá-la em variantes de modelos.

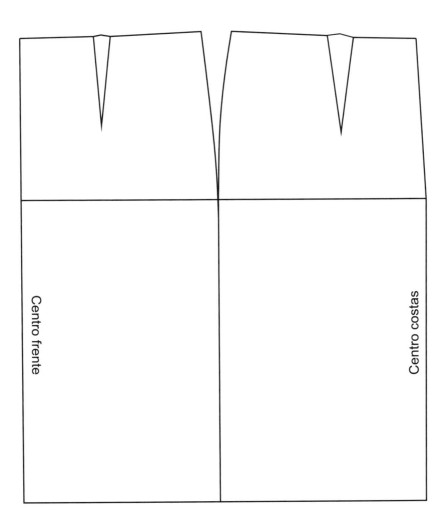

Figura 4

MODELAGEM PLANA FEMININA

SAIA GODÊ DE MEIA RODA

Esquadrar o papel em ângulo de 90° com linha vertical e horizontal. Marcar na interseção o ponto **0**.

0 ↓ 1 1/3 da circunferência da cintura (raio) - 1 = 74 : 3 = 24,6 - 1 [23,6 cm]

0 → A = **0 1, 0 A1, 0 A2, 0 A3** [23,6 cm]

A ↷ 1 Ligar **A** a **1**, em curva, passando pelos pontos **A1, A2** e **A3**. A curva deve ter no final a medida de 1/2 da circunferência da cintura.

1 ↓ 2 Comprimento da saia [61,0 cm]

A → B = **1 2, A1 B1, A2 B2, A3 B3** [61,0 cm]

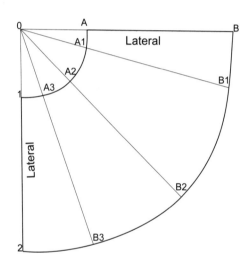

Figura 1

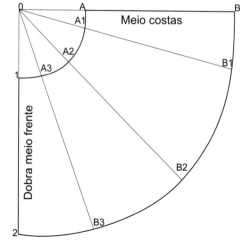

Figura 2

Saias

Traçar em linha circular, passando a bainha da saia pelos pontos **B1**, **B2**, **B3** e **2**.

Copiar as linhas em destaque conforme **Figura 1**, acrescentando valores de costura a todo o contorno do molde, que é cortado duas vezes no tecido e montado com duas costuras laterais, ou conforme a **Figura 2**, copiando o contorno com o posicionamento do meio frente na dobra do papel e acrescentando costura à cintura, à bainha e ao meio das costas. Esse modelo é cortado somente uma vez no tecido e é muito usado em vestidos de festa.

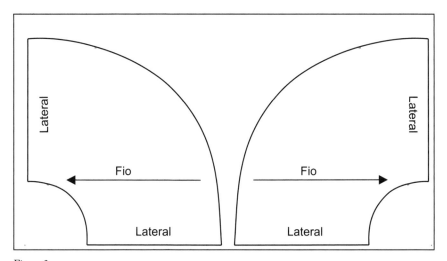

Figura 3
Disposição do molde no tecido para corte do modelo da Figura 1

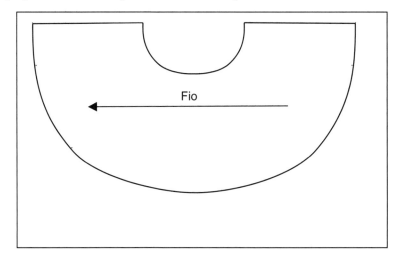

Figura 4
Disposição do molde no tecido para corte do modelo da Figura 2

SAIA GODÊ DE RODA INTEIRA – GODÊ GUARDA-CHUVA

Esquadrar o papel em ângulo de 90° com linha vertical e horizontal. Marcar na interseção o ponto **0**.

0 ↓ **1** 1/6 da circunferência da cintura – 1 = 74 : 6 = 12,3 - 1 [11,3 cm]

0 → **A** = **0 1, 0 A1, 0 A2, 0 A3** [11,3 cm]

Marcar, no raio de 90° do ponto **0**, a linha de cintura, que deve ter no final a medida de 1/4 da medida da cintura total.

1 ↓ **2** Comprimento da saia [61,0 cm]

A → **B** = **1 2, A1 B1, A2 B2, A3 B3** [61,0 cm]

Traçar em linha circular, passando a bainha da saia pelos pontos **B, B1, B2, B3** e **2**.

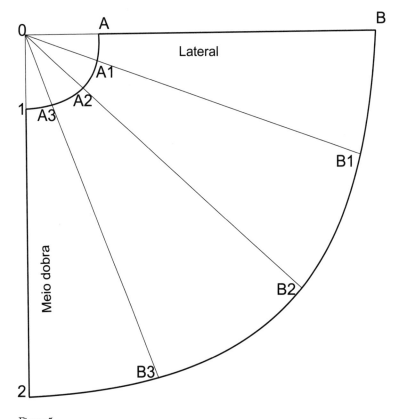

Figura 5

Copiar as linhas em destaque conforme a **Figura 5** anterior, acrescentando valores de costura a todo o contorno do molde, que é dobrado ao meio e cortado depois de desdobrado, duas vezes no tecido, ao qual são acrescentadas costuras laterais à bainha e à cintura.

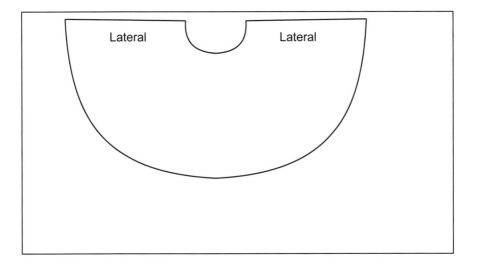

Figura 6

MODELAGEM PLANA FEMININA

SAIA EVASÊ COM TRANSFERÊNCIA DE PENCE

Contornar a base de saia, marcando os pontos de referência que usamos para sua construção conforme a **Figura 1**.

1. Traçar uma linha reta, prolongando o centro da pence **A3** até a bainha (**Figura 2**).

2. Cortar a linha vertical até **A3**.

3. Fechar a pence de **A5** para **A4**, formando uma abertura na linha **A3** (**Figura 3**).

4. Colar papel embaixo da abertura para traçar a saia.

5. Medir 1/2 da abertura formada na bainha e traçar uma linha reta até **A3**.

6. Verificar a medida da linha do meio frente do quadril até a bainha e aplicar essa mesma medida à linha central da abertura com base na altura do quadril.

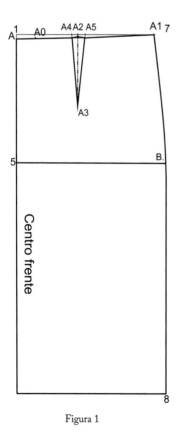

Figura 1

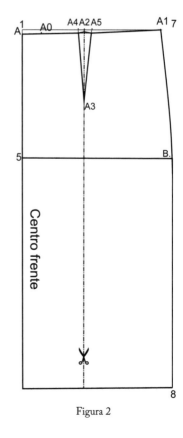

Figura 2

7. Esquadrar a linha central da abertura para os dois lados e, logo após, uni-la com leve curva à nova linha de bainha.

8. Usar a régua curva para retraçar a linha de cintura conforme a **Figura 3**.

9. Copiar o contorno do novo molde e marcar o fio paralelo ao centro frente, conforme a **Figura 4**.

> ### Observação:
> **O processo para a construção das costas da saia é o mesmo usado para a frente.**
>
> **Para saia com fio reto, acrescentar folga de vestibilidade de no mínimo 0,5 cm a cada lateral do molde; para fio enviesado, não é necessário folga.**

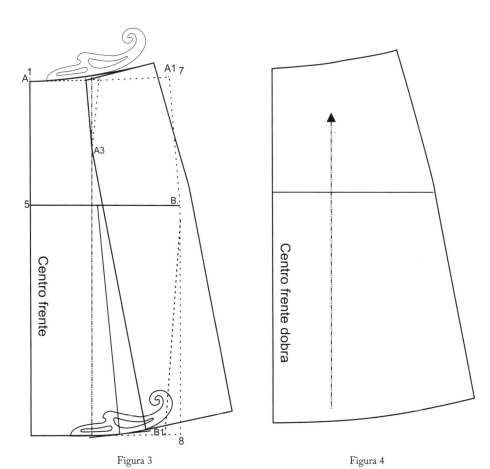

Figura 3   Figura 4

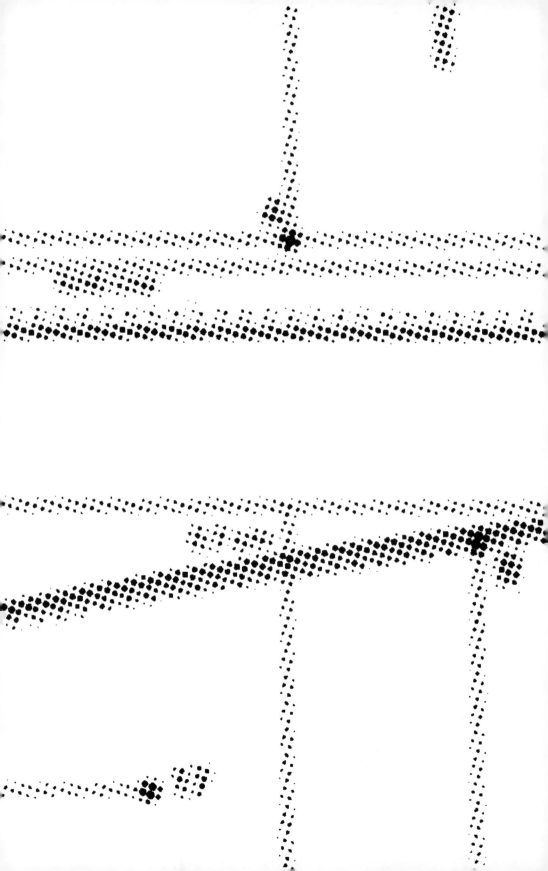

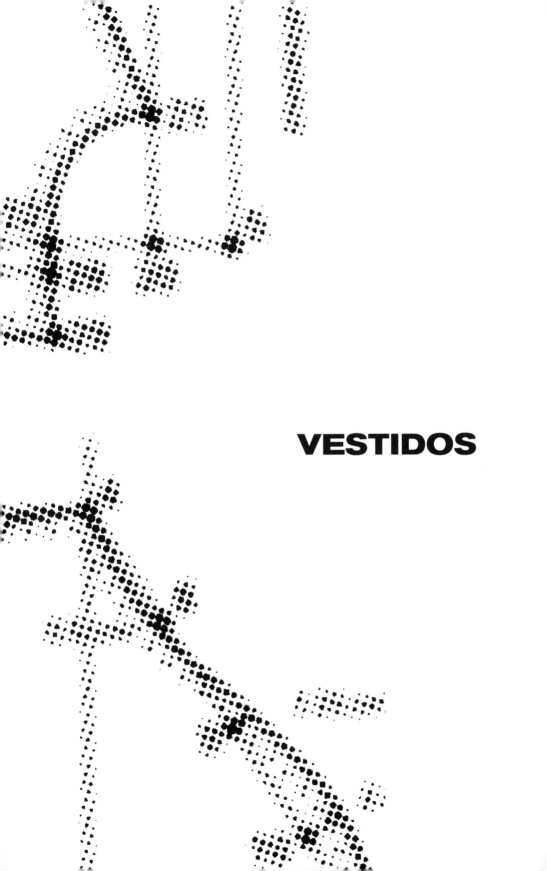

VESTIDOS

MODELAGEM PLANA FEMININA

Para todo desenvolvimento de modelagem plana, é preciso uma base. Aqui apresentaremos o passo a passo para a construção da base de vestido por meio da junção da base de blusa com a base de saia.

Em seguida, para exercitar a interpretação de um modelo variante, utilizaremos a base para desenvolver a modelagem de um vestido tubo bicolor.

Vestidos

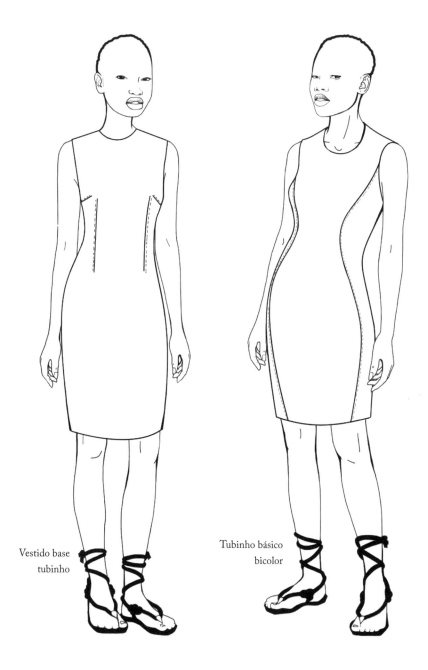

Vestido base tubinho

Tubinho básico bicolor

MODELAGEM PLANA FEMININA

TRANSFORMAÇÃO DAS BASES DE BLUSA E SAIA EM BASE DE VESTIDO (FIGURA 1)

1 → 2 Esquadrar o papel que será usado para a base de vestido = 1/2 da circunferência do quadril + 5 (espaço entre frente e costas) [56,0 cm].

2 ↓ 3 Comprimento da altura da blusa frente (44 + 2) + comprimento da saia (61) [107 cm]

1 ↓ 4 Mesma medida **2** para **3**.

1 ↓ A Descer 2,0 cm e traçar uma linha paralela a **1 — 2** a 2,0 cm de distância.

Alinhar o meio da frente da base de blusa à linha **1 — 4**.

Subir a ponta, junção ombro e decote, até encostar na linha **A**, conforme **Figura 1**.

Alinhar parte do decote (esquadrada) da base de blusa (centro costas) na linha **2 ↓ 3**.

Subir a ponta da junção ombro e decote costas até encostar na linha **1 — 2**.

B → C Esquadrar uma linha horizontal da cintura (meio frente da blusa) até a linha **2 ↓ 3**.

Alinhar o meio frente da base de saia frente na linha **1 ↓ 4** e subir até alinhar a linha de cintura da saia com a linha de cintura da blusa.

Repetir a operação com a base de saia costas, alinhando a linha de cintura da saia com a linha de cintura da blusa.

Observação:

Lembrar que o centro costas da blusa e da saia, na altura da cintura, tem um deslocamento de 1,0 cm para dentro.

A etapa seguinte é contornar as bases frente e costas, marcando os pontos de referência, como pences, entrecavas, busto, cintura e quadril. Nota-se que, na parte da junção lateral da cintura, tanto frente quanto costas apresentam um transpasse de mais ou menos 0,5 cm. Para marcar a nova linha de cintura, deve-se usar como referência a linha **B → C**.

Vestidos

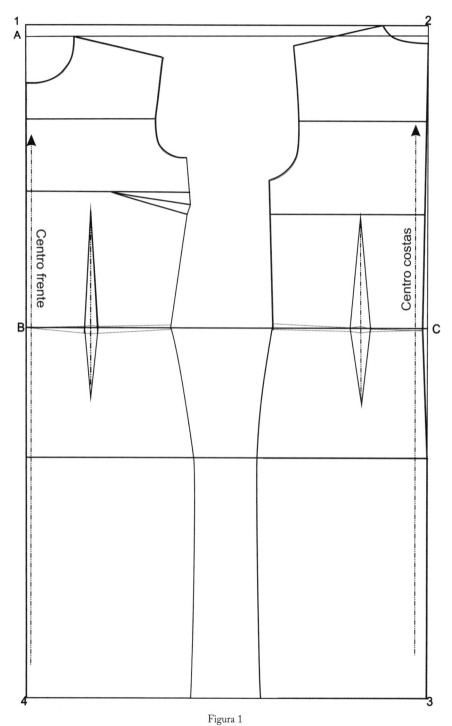

Figura 1

RESULTADO FINAL DA BASE DE VESTIDO FRENTE E COSTAS (FIGURA 2)

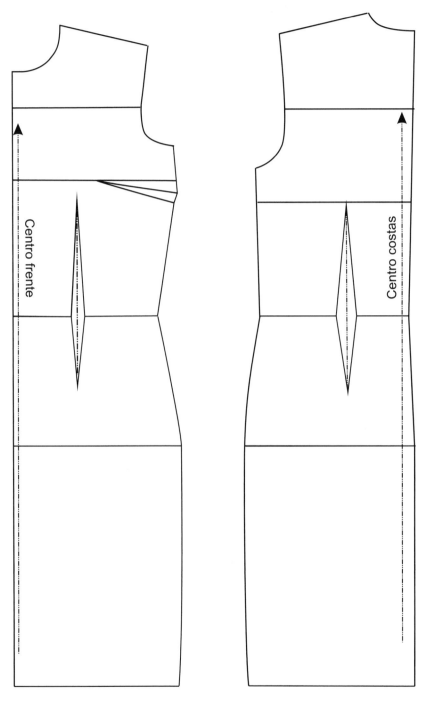

Figura 2

MODELAGEM PLANA FEMININA

TUBINHO BÁSICO COM RECORTE BICOLOR (FRENTE)

Tecido 1 Tweed leve.

Tecido 2 (laterais) Crepe com gramatura de mais ou menos 280. Entretela de malha para toda a peça.

1. Contornar a base de vestido conforme a **Figura 1**.

2. Desenhar uma linha paralela à pence da cintura com distância de 1,5 cm dela.

3. Prolongar a linha do final da pence da cintura em linha reta até **A1**.

4. Marcar o ponto **A** na linha de entrecavas. Em **A**, desenhar o recorte do busto com curva que ligue até o vértice da pence.

5. Na linha de cintura, aplicar o valor da pence da base a cada lado da nova linha vertical e redesenhar a pence.

6. Redesenhar a linha de cava, reduzindo 3,0 cm no comprimento do ombro e descendo 1,0 cm na lateral.

7. Redesenhar a nova linha de decote, reduzindo 1,0 cm na linha do ombro e descendo 2,0 cm no meio frente.

8. Recortar, como indicado na **Figura 1**, na linha **A1** até **A**, eliminando o meio da pence da cintura.

9. Separar os moldes meio frente e lateral frente.

10. Fechar a pence lateral como indicado na **Figura 2**.

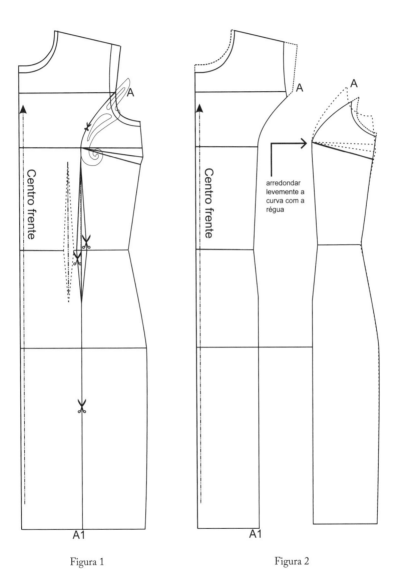

Figura 1 Figura 2

MODELAGEM PLANA FEMININA

TUBINHO BÁSICO COM RECORTE BICOLOR (COSTAS)

1. Transferir as medidas de referência usadas na cava e no decote da frente para o decote e cava das costas, conforme a **Figura 3**.

2. Deslocar a pence da cintura costas para a lateral em 1,5 cm, conforme a **Figura 3**, e repetir o processo utilizado para a interpretação frente na página anterior (**Figuras 1 e 2**).

3. Diminuir no comprimento, desde a bainha, 13,0 cm, nas costas e na frente.

4. Separar os moldes da lateral costas e do meio costas.

5. Acrescentar 0,5 cm de vestibilidade nas laterais frente e costas.

6. Acrescentar 1,0 cm de costura a todas as partes do molde e 4,0 cm de bainha.

7. Fazer molde de revel cavas e decote com 6,0 cm, conforme pontilhados da **Figura 4**.

8. Acrescentar todas as informações de corte a cada parte dos moldes, conforme **Figura 5**.

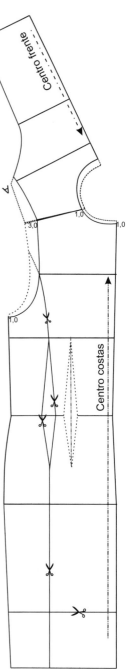

Figura 3

68

Vestidos

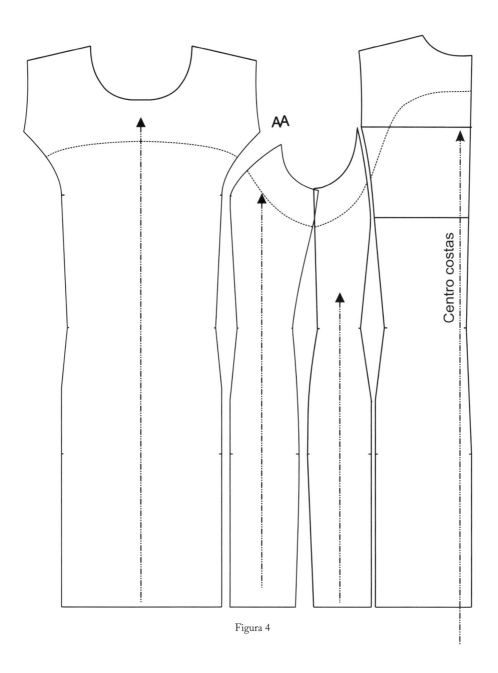

Figura 4

MODELAGEM PLANA FEMININA

TUBINHO BÁSICO COM RECORTE BICOLOR (RESULTADO FINAL MOLDES)

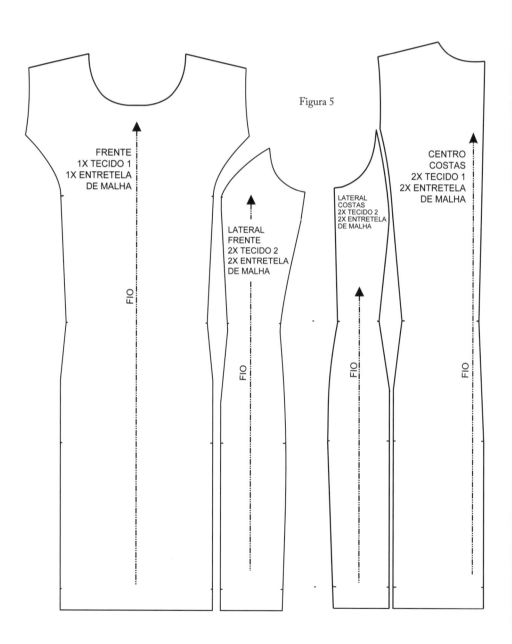

Figura 5

Vestidos

Figura 6

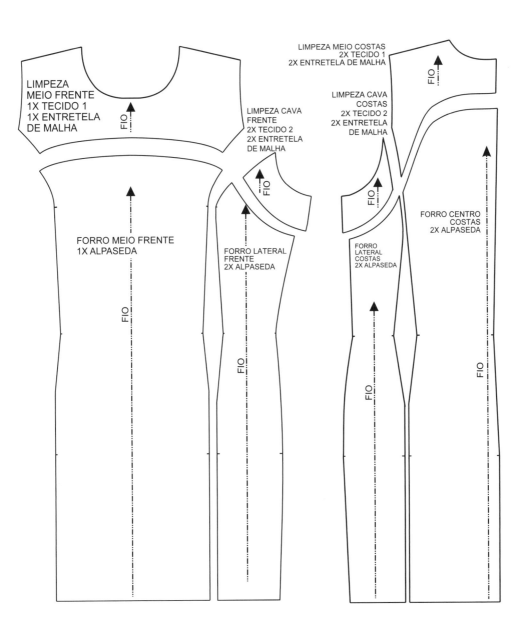

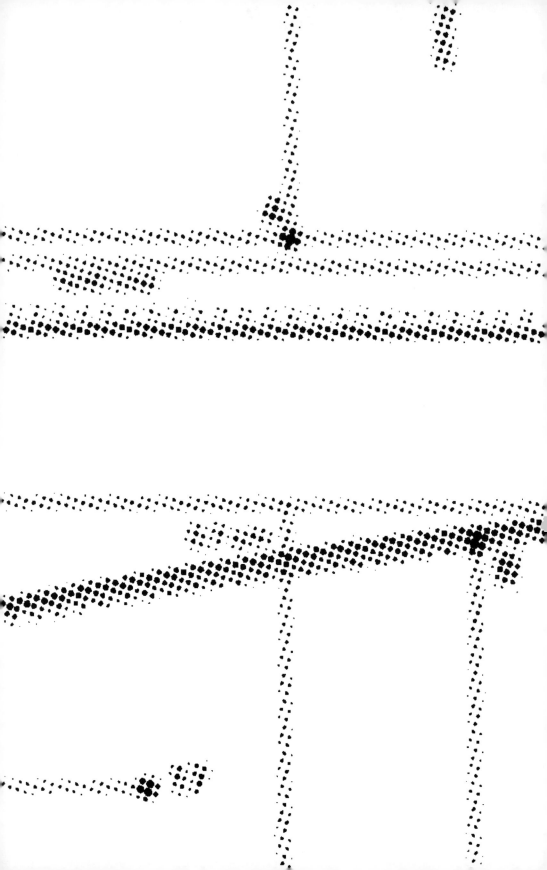

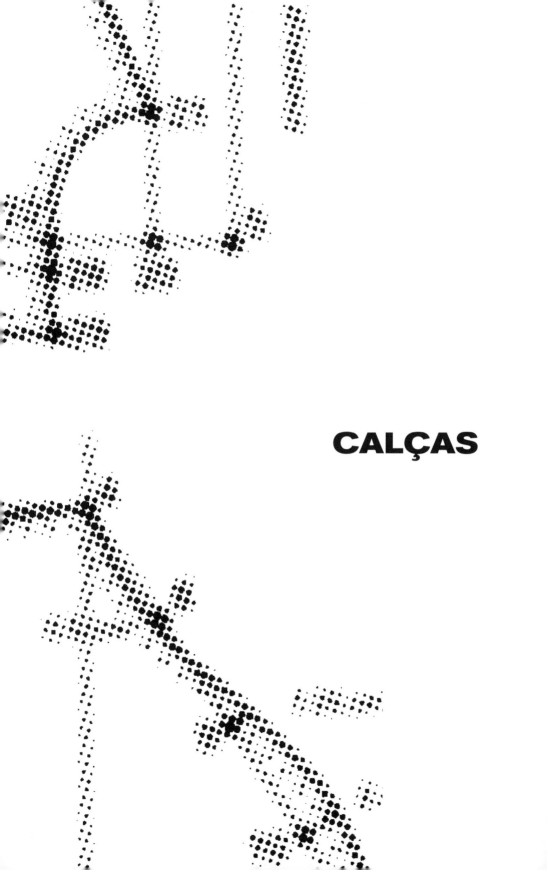

CALÇAS

MODELAGEM PLANA FEMININA

A seguir, apresentaremos a base de calça, ajustada ao corpo, ideal para ser usada para interpretação de outros modelos, e a calça pantalona clássica com bolso faca.

Calças

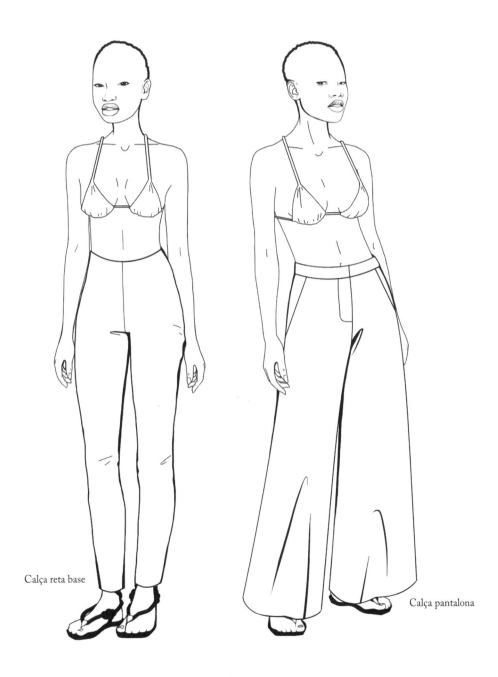

Calça reta base

Calça pantalona

CALÇA RETA BASE

Construção da frente

Esquadrar o papel no ponto **1** em sentido horizontal e vertical, deixando margem de 13,0 cm na vertical e 6,0 cm na horizontal, conforme **Figura 1**.

Marcar as alturas.

1 ↓ 6 = Comprimento de calça da tabela = [109,0 cm]

1 ↓ 2 = [1,0 cm] Leve rebaixamento centro frente.

1 ↓ 3 = Altura do quadril [21,0 cm]

1 ↓ 4 = Altura do gancho [26,0 cm]

1 ↓ 5 = Altura do joelho [61,0 cm]

Marcar as circunferências nas linhas horizontais.

1 → A, 3 → B, 4 → C = 1/4 de circunferência do quadril = [25,5 cm]

5 → D = 1/2 da circunferência do joelho - 2 = 40 : 2 = 20 - 1 = [19,0 cm]

6 → E = 5 → D = [19,0 cm]

5 → 5A = [1,0 cm]

D ← D1 = 1/2 de **5A → D** = 18 : 2 = [9,0 cm]

6 → 6A = 5 → 5A = [1,0 cm]

E ← F = D ← D1 = [9,0 cm]

Calças

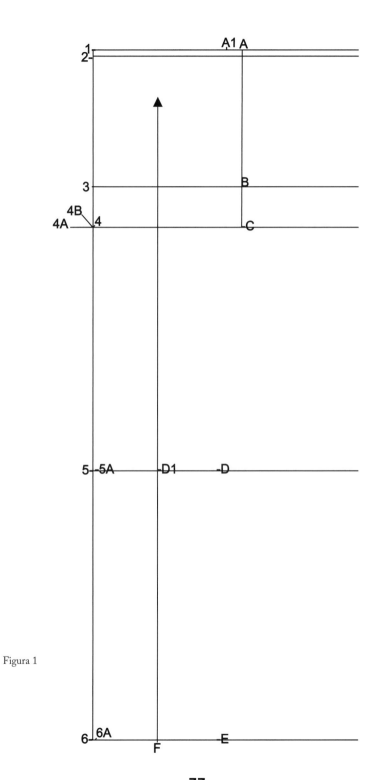

Figura 1

Ligando os pontos para contorno da base frente (Figura 2)

Ligar os pontos **F** a **D1**, esquadrando até acima da linha do quadril para marcar o fio.

Marcar a cintura e o gancho.

A ← **A1** = 1/4 da circunferência do quadril – 1/4 da circunferência da cintura - 1 = 25,5 - 18,5 = 7 - 1 = [6,0 cm]

4 ← **4A** = Dividir a circunferência do quadril por 20,0 cm = 102 : 20 = [5,1 cm]

4 ↘ **4B** = Subir 2,5 cm em ângulo de 45° no ponto **4**.

Ligar os pontos, conforme a **Figura 2**, com a régua curva.

Calças

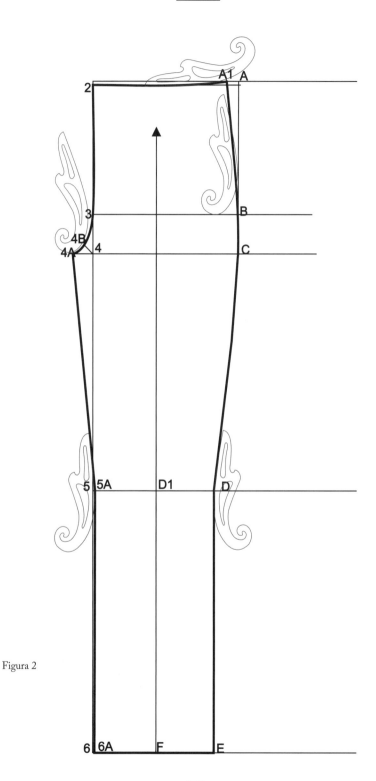

Figura 2

MODELAGEM PLANA FEMININA

Traçado costas (Figura 3)

Traçar do traçado frente para aproveitar o enquadramento de alturas. Usaremos letras minúsculas para diferenciar frente e costas.

A1 → **g** = [6,0 cm]

g ← **g1** = 1/4 da cintura - 1 + 3 da pence = 18,5 - 1 = 17,5 + 3 = [20,5 cm]

g2 = Esquadrar **g1** para cima e marcar 4,0 cm. Ligar com uma reta **A1** ↘ **g2.**

g ↘ **h** = 1/2 de **g** ← **g2** = [10,25 cm]

h ↓ **ho** = 1/2 da medida da altura do quadril = 21 : 2 = [10,5 cm]

h → **h2** = **h** ← **h1** = 1/2 da medida da pence das costas = [1,5 cm]

B → **I** = **C** → **j** = [2,0 cm]

i ← **i1** = **j** ← **j1** = 1/4 do quadril = 102 : 4 = [25,5 cm]

4A ↓ **j2** = [1,5 cm]

j1 ← **j3** = Comprimento da curva do gancho costas = 1/10 da circunferência do quadril = 102 : 10 = [10,2 cm]

D1 → **k** = **D1** ← **k1** = 1/4 da circunferência do joelho + 1 = 40 : 4 = 10 + 1 = [11,0 cm]

F ← **l** = **F** → **l1** = 1/4 da circunferência do joelho + 1 = 40 : 4 = 10 + 1 = [11,0 cm]

Marcar o fio esquadrando da bainha, em linha reta, passando nos pontos **F** e **D1**.

Calças

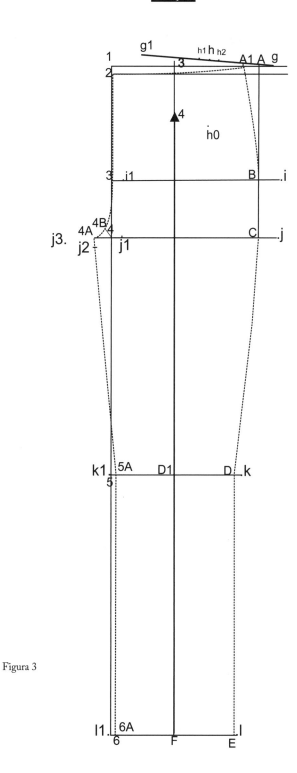

Figura 3

MODELAGEM PLANA FEMININA

Ligando os pontos para traçar costas (Figura 4)

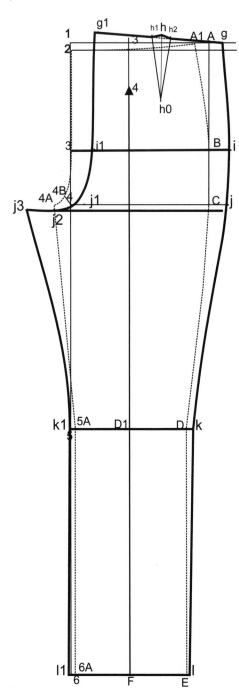

Figura 4

Resultado final das bases após separação (Figura 5)

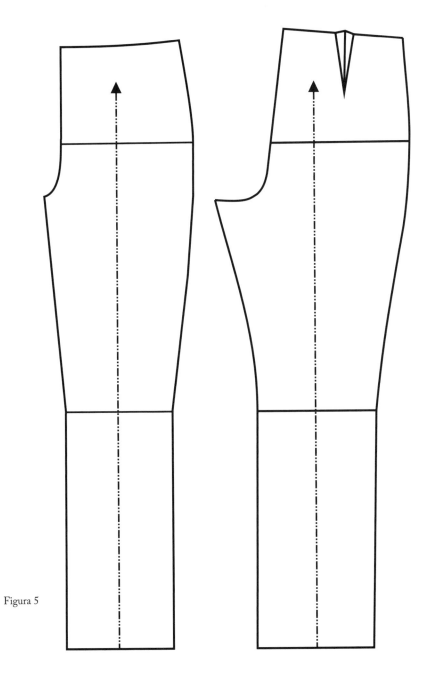

Figura 5

MODELAGEM PLANA FEMININA

PANTALONA CLÁSSICA

1. Contornar as bases de calça frente e costas (**Figura 1**).

2. Descer a cintura em 2,0 cm para um cós de 4,0 cm de largura.

3. Diminuir 1,5 cm na altura entre pernas e prolongar o gancho em 1,0 cm, redesenhando a curva de gancho frente e costas, conforme **Figura 1**.

4. Sair 0,5 cm na altura do quadril lateral para cada molde, ou seja, 2,0 cm total na circunferência, para melhor vestibilidade.

5. Sair 5,0 cm na boca da calça para cada lado do molde e redesenhar, com auxílio da régua levemente curva, as linhas de entre pernas e lateral.

6. Desenhar traçado do bolso, pertigal e braguilha, conforme a **Figura 1**.

7. Copiar o traçado do bolso duas vezes, uma usando a linha lateral e outra, a linha da boca do bolso.

8. Espelhar o bolso para um lado com a lateral e para outro somente com a boca do bolso. Usar a linha de junção das duas partes para determinar o fio do molde.

9. Copiar os traçados de pertigal e braguilha. Virar o molde da braguilha no outro sentido para que fique na posição correta para corte. Espelhar o molde do pertigal para ficar duplo e usar a linha central do espelhamento como fio.

10. Contornar todo o novo molde da frente e costas, na linha mais acentuada na **Figura 1**.

11. Acrescentar 1,0 cm de costura a todo o contorno dos moldes e 3,0 cm de bainha.

12. Para o molde do cós, fazer um retângulo com a medida da cintura rebaixada a 2,0 cm + 4,0 cm de transpasse (abotoamento) por 4,0 cm de largura. Acrescentar costuras.

Na **Figura 2**, tem-se o resultado final após todas as informações acrescentadas.

Calças

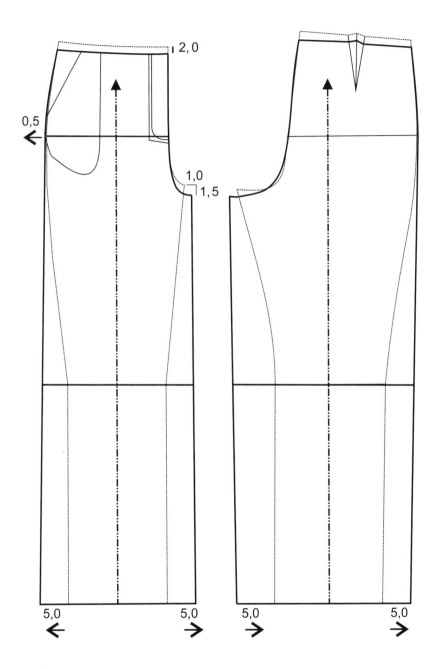

Figura 1

MODELAGEM PLANA FEMININA

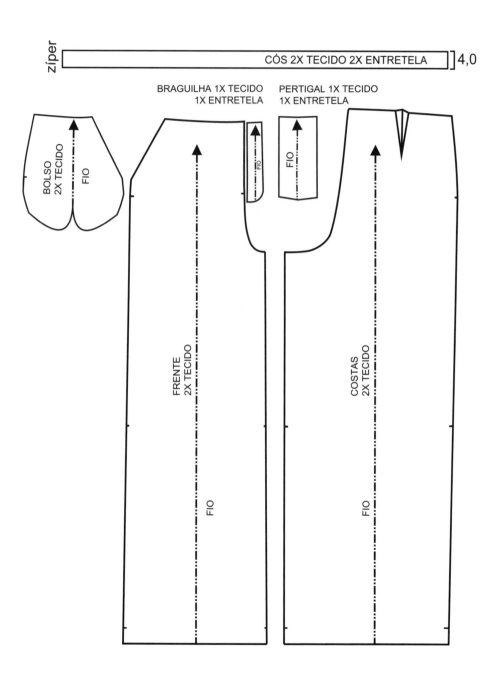

Figura 2

MANGAS

MODELAGEM PLANA FEMININA

Apresentaremos duas bases de mangas: manga básica, mais utilizada para camisas e blusas, e manga duas folhas, muito utilizada em casacos e blazers.

CONSTRUÇÃO DA BASE DE MANGA

Para a construção da base de manga, vamos precisar da medida do contorno da cava da base de blusa, ou do vestido, conforme **Figura 1**.

Lista de medidas para a construção da base de manga tamanho 40:

- Comprimento da manga = [61,5 cm]
- Profundidade da cava = [18,5 cm]
- Medida da cava frente = [20,5 cm]
- Medida da cava costas = [22,5 cm]

Construção (Figura 2)

1 ↓ 2 = Comprimento da manga = [61,5 cm]

1 ↓ 3 = Profundidade da cava - 1/5 da profundidade da cava = 18,5 - (18,5 : 5) = [14,8 cm]

3 → 4 = 3/4 da cava frente = 20,5 : 4 = 5,12 x 3 = [15,3 cm]

3 ← 5 = 3/4 da cava costas = 22,5 : 4 = 5,6 x 3 = [16,8 cm]

1 ↘ 4 e **1 ↗ 5** Ligar em linha reta.

1 ↓ A = 1/2 de **1 ↓ 3** = 14,8 : 2 = [7,4 cm]

Marcar os pontos **B** e **C** de **1 ↓ A** Esquadrar **A** em linha reta em ângulo de 45º.

B ↗ D = 1/2 de **B ↗ 5**

C ↘ E = 1/2 de **C ↘ 4**

D ↗ G = 1/2 de **D ↗ 5** e **E ↘ F** = 1/2 de **E ↘ 4**

Ligar em linha reta os pontos **G, D, E** e **F** ao ponto 3.

Mangas

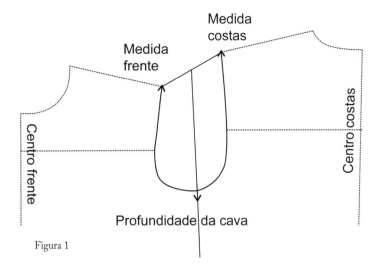

Figura 1

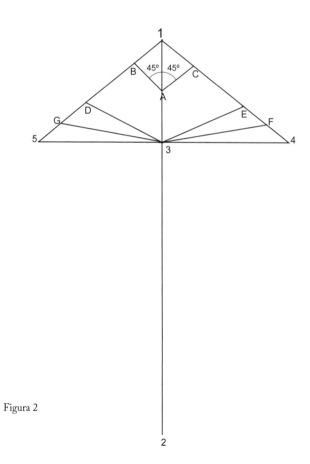

Figura 2

CONTORNO DA MANGA (FIGURA 3)

Com uma régua curva, traçar a cava frente, entrando na linha entre **F** e **4** (mais ou menos 0,8 cm) e saindo em **C** (mais ou menos 1,8 cm).

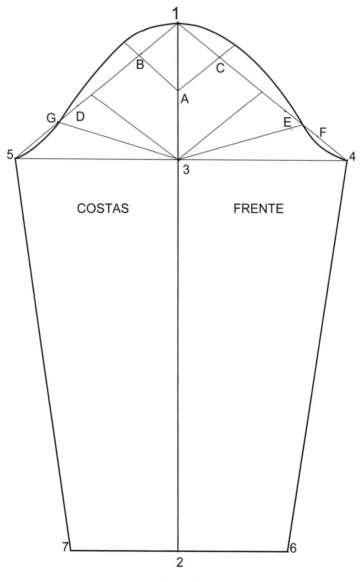

Figura 3

Mangas

Marcar o comprimento da manga e a circunferência do punho (**Figura 4**).

2 → **6** = **2** ← **7** 1/2 da circunferência do punho + 4,0 cm de folga = [12,0 cm]

Na cava costas, entrar na linha entre **G** e **5** 0,5 cm e sair em **B** 2,0 cm.

Figura 4

MODELAGEM PLANA FEMININA

MANGA DUAS FOLHAS OU MANGA TAILLEUR

Para o traçado desta manga, vamos precisar das medidas utilizadas na construção de manga-base, conforme **Figura 1**.

Manga-base (ajustada), tamanho 40:

- Comprimento da manga = [61,5 cm]

- Comprimento do cotovelo = [42,0 cm]

- Profundidade da cava = [18,5 cm]

- Altura da largura das costas = Profundidade da cava - 1/5 da profundidade da cava = 18,5 - (18,5 : 5) = [14,8 cm]

- Largura das costas = 36 (largura total) dividido por 2 = [18,0 cm]

- Medida da cava frente = [20,5 cm]

- Medida da cava costas = [22,5 cm]

- Bíceps = [29,5 cm]

- Punho = medida-base 40 = 16 + 4 = [20,0 cm]

Mangas

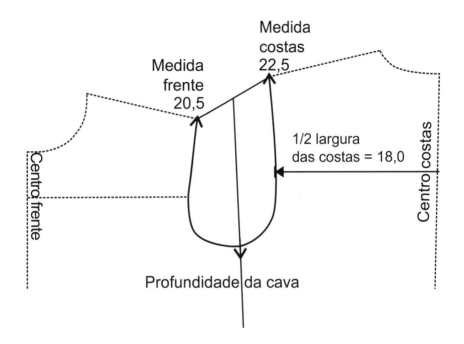

Figura 1

MODELAGEM PLANA FEMININA

TRAÇADO DO RETÂNGULO DE CONSTRUÇÃO + MANGA SUPERIOR (FIGURA 2)

1 ← **2** e **1** ↓ **6** = Esquadrar linhas retas.

1 ↓ **3** Profundidade da cava = [14,8 cm]

4 = 1/2 da distância entre **1** e **3** = [7,4 cm]

4 ↑ **A** = [3,0 cm]

A ↓ **5** = Altura do cotovelo - 1/2 da largura das costas = 42,0 - 18,0 = [24,0 cm]

A ↓ **6** = Comprimento total da manga - 1/2 da largura das costas = 61,5 - 18,0 = [43,5 cm]

Esquadrar os pontos **3, 5** e **6**, horizontalmente, em ângulo de 90° em relação à **A** ↓ **6**.

1 ← **2, 6** ← **7, 5** ← **8** e **3** ← **9** = 1/2 da largura das costas = [18,0 cm]

Ligar **2** a **7** em linha reta, passando por **9** e **8**, para formar o retângulo de construção.

B = 1/2 da distância entre **1** e **2** = [9,0 cm]

B ↓ **n** = Esquadrar ponto **B** em linha vertical até a interseção com linha **7** a **6**.

Marcar **B2** na interseção de **B n** e **9 3**.

2 → **C** = 1/2 da distância entre **2** → **B** - 0,5 cm = 9,0 : 2 - 0,5 = [4,0 cm]

9 ↑ **C1** = 2,0 cm. Ponto determinante para um bom caimento vertical da manga na montagem.

C ╱ **C1** = Ligar em linha reta.

C0 = 1/2 de **C** ╱ **C1** = [6,7 cm]

8 → **D** = [2,0 cm]

7 ↑ **D1** = [2,5 cm]

9 ↓ **D1** = Linha de ajustamento ao braço. Ligar em leve curva **9** à **D1**, passando por **D**.

9 ← **C2** = **D1** ← **D2** = [2,0 cm]

C2 ↓ **8** ↓ **D2** Desenhar a linha de montagem e ajustamento entre parte superior e inferior da manga em paralelo à linha **9, D** e **D1**.

4 → **A1** = [2,0 cm]

Mangas

A1 ⌒ C2 = Desenhar a cabeça da manga com a ajuda de uma régua curva, passando pelos pontos **A**, **B**, **C0** e **C1**, conforme **Figura 2**.

D2 ↘ E = 1/2 da circunferência do punho com folga + 1,0 cm = 20 : 2 = 10 + 1 = [11,0 cm]

5 → E1 = 1,0 cm

A1 ↓ E = Desenhar a linha de junção da manga superior e inferior costas em leve curva, passando por **E1**, conforme **Figura 2**.

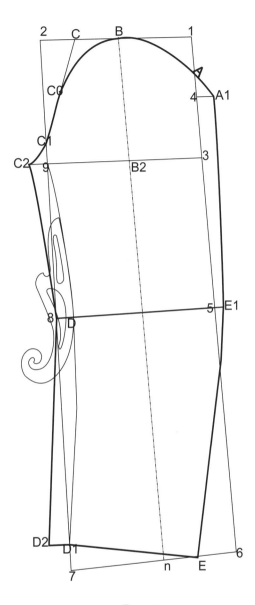

Figura 2

TRAÇADO DA MANGA INFERIOR (FIGURAS 3 E 4)

$9 \rightarrow l, D \rightarrow D0, D1 \rightarrow s = [2,0 \text{ cm}]$

$l \downarrow s$ = Traçar a linha de ajustamento e junção frente entre manga superior e inferior, em paralelo à linha **9**, **D** e **D1**.

$4 \leftarrow m = [4,5 \text{ cm}]$

$m \nearrow B2$ = Ligar em linha reta.

$m \curvearrowright l$ = Ligar a linha de cava inferior em curva, passando a 1,0 cm de **B2**.

$5 \leftarrow m1 = [2,0 \text{ cm}]$

$E \leftarrow m2 = [1,5 \text{ cm}]$

$m \downarrow m2$ = Desenhar a linha de ajustamento e junção costas com a manga superior, passando pelo ponto **m1**.

$n \uparrow B2$ = Linha que servirá de fio para as duas partes da manga.

Ligar **m2** a **s** em linha reta.

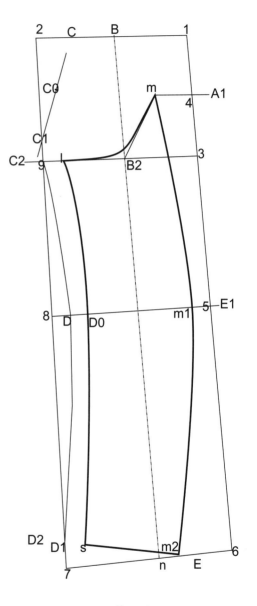

Figura 3

Mangas

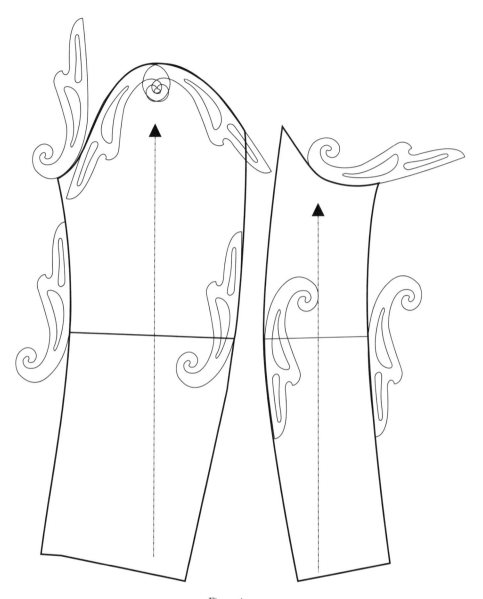

Figura 4

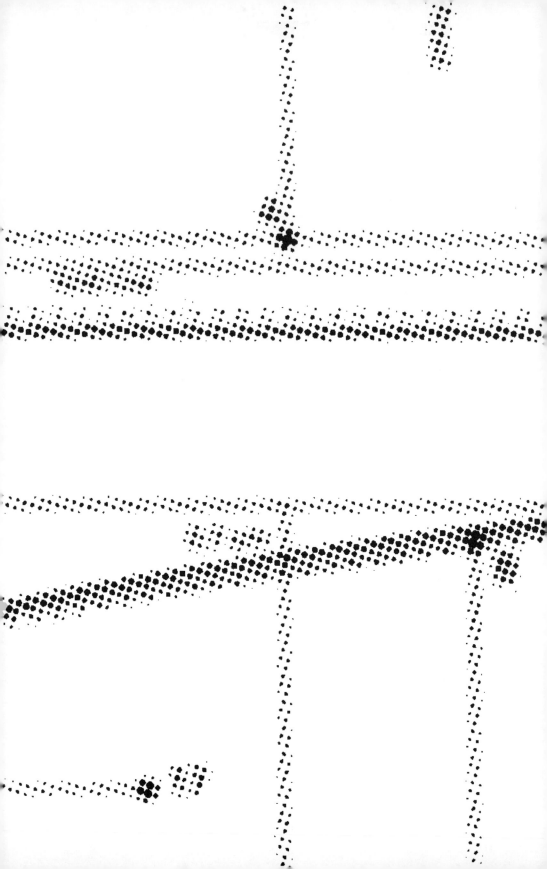

GOLAS

MODELAGEM PLANA FEMININA

Apresentamos a seguir o traçado de quatro modelos de gola diferentes. Entre elas:

- Golas aplicadas, costuradas no decote: gola esporte fechada, gola esporte aberta e gola com pé de gola.

- Golas inteiras, construídas com prolongamento do molde da peça: gola xale e gola rolê.

Gola com pé de gola (colarinho)

Gola xale

Golas

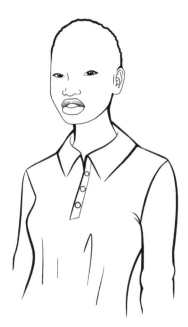

Gola esporte aberta

Gola esporte fechada

MODELO 1: GOLA SIMPLES OU ESPORTE FECHADA (PÉ DE GOLA INTEGRADO)

Traçado da estrutura base de gola simples ou esporte fechada (Figura 1)

1 → 3 Traçar uma linha horizontal com a medida da 1/2 da circunferência do pescoço = 38 : 2 = [19,0 cm].

1 → 2 Marcar ponto de linha ombro = 1/4 da circunferência do pescoço = [9,5 cm].

1 ↑ A , 2 ↑ C e 3 ↑ B Esquadrar uma linha na vertical, para cima de 5,0 a 7,0 cm (altura da virada da gola).

A ↓ A1, B ↓ B1 e C ↓ C1 Esquadrar de 2,0 a 3,0 cm para baixo (altura de pé de gola integrado).

A → C → B Ligar em linha reta.

B → B0 Sair mais ou menos 0,7 cm.

2 ↘ B1 Ligar em linha reta.

D = 1/2 de **2 ↘ B1** = [6,3 cm]

D1 = 1/2 de **2 D**

D2 = 1/2 de **D B1**

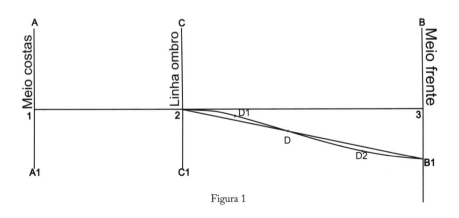

Figura 1

Golas

Para traçar a curva que será presa na blusa, marcar os pontos:

No ponto **D1**, subir mais ou menos 0,3 cm; no ponto **D2**, descer mais ou menos 0,3 cm para traçar a curva.

No ponto **B1**, descer 2,5 cm para marcar o ponto **B2**; no ponto **B2**, contornar a gola conforme **Figura 2**.

A ponta da gola será desenhada de acordo com o modelo desejado.

No ponto **A1**, ligar em linha reta a **C1**. Ainda em **A1**, subir 0,5 cm e ligar a **C1**.

C1 ↘ B2 Ligar em curva paralela a linha **D1** a **D2**.

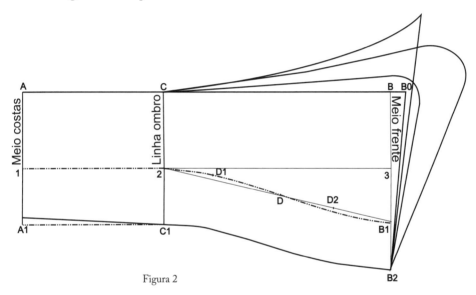

Figura 2

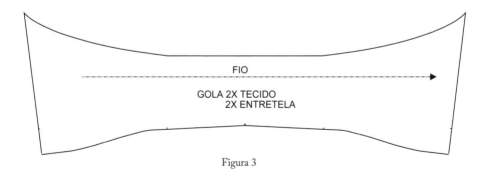

Figura 3

MODELO 2: GOLA SIMPLES OU ESPORTE ABERTA

Traçado da gola esporte aberta

A primeira parte da estrutura de construção é igual à da gola esporte fechada (**Figura 1**).

1 → **3** Traçar uma linha horizontal com a medida da 1/2 da circunferência do pescoço = 38 : 2 = [19,0 cm].

1 → **2** Marcar ponto de linha ombro = 1/4 da circunferência do pescoço = [9,5 cm].

1 ↑ **A**, **2** ↑ **C** e **3** ↑ **B** Esquadrar uma linha na vertical, para cima, de 5,0 a 7,0 cm.

A ↓ **A1**, **C** ↓ **C1** Esquadrar de 2,0 a 3,0 cm para baixo (altura de pé de gola integrado).

A → **C** → **B** Ligar em linha reta.

A1 → **C1** Ligar em linha reta.

3 ╱ **C1** Ligar em linha reta.

A1 → **C1** Ligar em linha reta. Ainda em **A1**, subir 0,5 cm ligar ao ponto **C1**.

D1 = 1/2 **C1** → **3**

Ligar em curva os pontos **C** → **3**. No ponto **D1**, descer 0,3 cm.

Contornar a gola conforme **Figura 2**. A ponta da gola será desenhada de acordo com o modelo desejado.

Golas

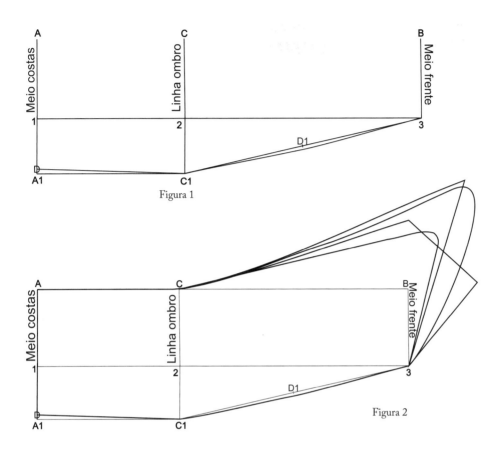

Figura 1

Figura 2

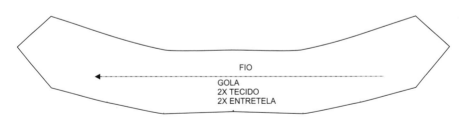

FIO
GOLA
2X TECIDO
2X ENTRETELA

Figura 3

MODELO 3: GOLA COM PÉ DE GOLA SEPARADO – COLARINHO

Para construir essa gola, vamos usar a base de gola simples fechada com pé de gola integrado (**Figura 1**), vista nas páginas anteriores.

A diferença entre as duas golas está mais na estética do modelo e na montagem. A gola simples normalmente é construída em tecidos de malha e mais fluidos, ao passo que a gola com pé de gola separado dá a possibilidade de subir a queda da gola, dando a impressão de alongamento do pescoço.

Essa gola é muito usada em camisas. As masculinas costumam seguir esse modelo, pois possibilita a passagem da gravata no entorno do pescoço com caimento perfeito.

Traçado da gola com pé de gola separado

1 → 3 Traçar uma linha horizontal com a medida da 1/2 da circunferência do pescoço = 38 : 2 = [19,0 cm]

1 → 2 Marcar ponto de linha ombro = 1/4 da circunferência do pescoço = [9,5 cm]

1 ↑ A , 2 ↑ C e 3 ↑ B Esquadrar uma linha na vertical, para cima de 5,0 a 7,0 cm (altura da virada da gola).

Ligar em linha reta os pontos **A**, **C** e **B**.

B → B0 = Sair mais ou menos 0,7 cm.

B0 ╱ B2 = Ligar em linha reta.

2 ╲ B1 Ligar em linha reta.

D = 1/2 de **2 ╲ B1** = [6,3 cm]

Contornar a gola conforme **Figura 2**. A ponta da gola será desenhada de acordo com o modelo desejado.

No ponto **D1**, subir mais ou menos 0,3 cm; no ponto **D2**, descer mais ou menos 0,3 cm para traçar a curva.

No ponto **A1**, ligar em linha reta a **C1**. Ainda em **A1**, subir 0,5 cm e ligar à **C1**.

2 ╲ B1 Ligar em curva paralela a linha **D1** a **D2**.

Golas

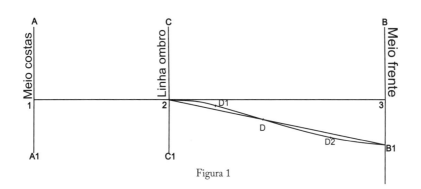

Figura 1

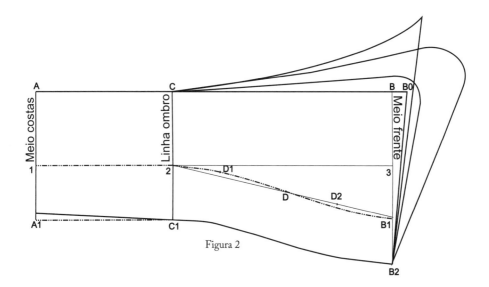

Figura 2

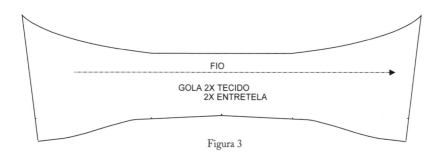

FIO
GOLA 2X TECIDO
2X ENTRETELA

Figura 3

PÉ DE GOLA

Traçar uma linha horizontal com a medida de 1/2 da circunferência do pescoço + 1,5 cm de transpasse.

4 ↑ Meio costas.

4 → **5** Linha ombro = 1/4 da circunferência do pescoço = 38: 4 = [9,5 cm]

5 → **6** Meio frente = **4** → **5** = [9,5 cm]

6 → **7** Transpasse = [1,5 cm]

Marcar e esquadrar os pontos anteriores, esquadrando para cima até 3,0 cm para marcar os pontos.

4 ↑ **E**, **5** ↑ **F**, **6** ↑ **G** e **7** ↑ **H**.

4 ↑ **E1** = [0,5 cm]

Ligar o ponto **5** a **H** em linha reta, dividindo essa linha em três partes iguais.

Nos pontos **i** e **j**, descer da linha reta mais ou menos 0,5 cm.

Ligar os pontos **E** → **F**, **E1** → **5** em linha reta.

Traçar curva de **5** a **H**, passando por **i** e **j**.

Fazer uma linha curva paralela a 3,0 cm da curva **5** a **G**.

Desenhar a ponta do pé de gola conforme o modelo desejado; o mais tradicional é com uma leve curva na ponta.

Contornar a gola final conforme as linhas realçadas na **Figura 1**.

Nas **Figuras 2** e **3** tem-se o molde das duas partes finalizadas, faltando só acrescentar as costuras.

Golas

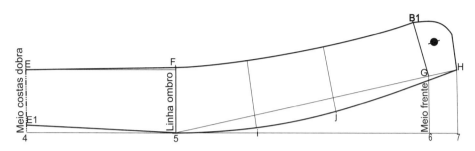

Figura 1

Figura 2

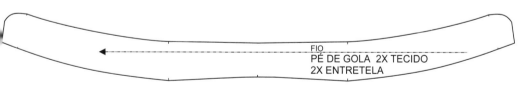

Figura 3

MODELO 4: GOLA XALE CLÁSSICA

Essa gola é construida pelo prolongamento da linha de ombro base frente. Esse prolongamento será costurado no decote costas formando a gola xale.

A Entrar 1,5 a 2,0 cm na linha de ombro para abrir o decote costas.

B Entrar 1,5 a 2,0 cm na linha de ombro para abrir o decote frente.

Esquadrar a linha de meio frente, formando um ângulo de 90° com a ponta do ombro **B**.

Esquadrar o ponto **B** e subir uma linha reta com a medida de 1/4 da circunferência do pescoço = [9,5 cm]

C ← D Altura de pé de gola integrado = [3,0 cm]

Ligar os pontos **D** e **B** em linha levemente curva.

E Sair do meio frente o valor do transpasse desejado mínimo de 2,0 cm, prolongando para cima até aproximadamente a altura da cava.

C1 Prolongar **C B** até interseção com prolongamento **E** (transpasse). Essa será a linha de construção e marca da profundidade do decote.

D ╱ D1 Medida da vira da gola = [9,0 cm]

F ╱ F1 Medida da vira da gola + pé de gola = [9,0 cm]

Para finalizar, ligar os pontos **D1** a **C1**, passando por **F1** em curva bem acentuada. Redesenhar a linha decote costas com o rebaixamento em **A**.

Contornar o novo molde com a gola acoplada, de acordo com a linha mais forte na **Figura 1**.

Golas

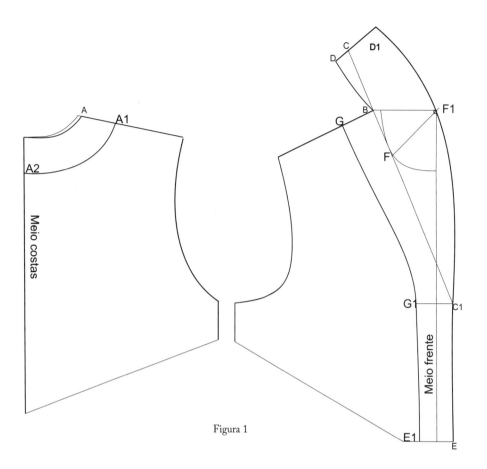

Figura 1

MODELAGEM PLANA FEMININA

REVEL DA GOLA (PARTE INTERNA DA GOLA QUE, QUANDO MONTADA, FICA VISÍVEL DO LADO EXTERNO)

B ← G = [5,0 cm]

C1 ← G1 = [4,0 cm]

G1 ↓ E1 Ligar em linha reta.

A ↘ A1 Mesma medida de **B ↗ G** = [5,0 cm]

A2 Descer da interseção decote costas com meio costas = [5,0 cm] (**Figura 2**)

> **Observação:**
>
> Esse molde deve ser prolongado até o final da blusa. Estamos fazendo em versão demonstrativa, mostrando apenas as partes mais complexas da modelagem.

Golas

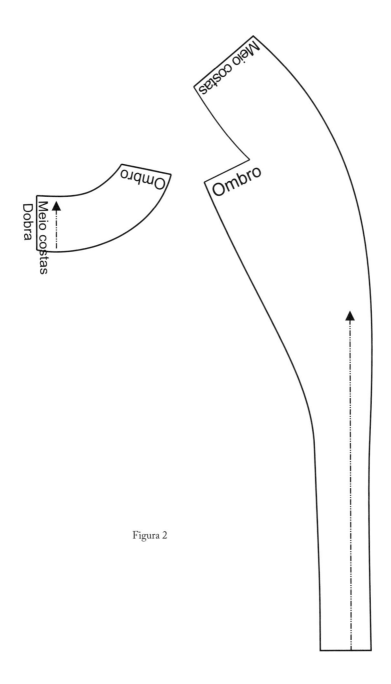

Figura 2

113

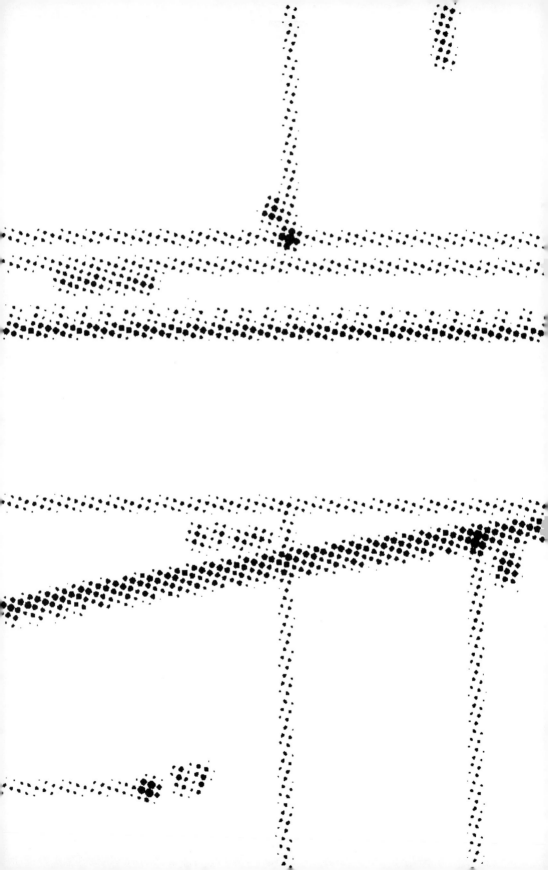

MACACÃO

MODELAGEM PLANA FEMININA

Apresentamos a versão-base para macacão, construída das bases de blusa e de calça, e o modelo macacão utilitário.

Macacão

Macacão base

Macacão utilitário

CONSTRUÇÃO DA BASE DE MACACÃO SOBRE A BASE DE BLUSA E A BASE DE CALÇA (FIGURA 1)

1. **A** Esquadrar o papel usando uma linha vertical com comprimento de 100,0 cm e paralela à borda do papel.

2. Esquadrar a linha **A** na horizontal até mais ou menos 55,0 cm e marcar o ponto **B**.

3. **B** Descer 100,0 cm, em linha reta esquadrada, uma linha paralela à linha **A**.

4. Alinhar a base de blusa frente na linha, deixando cerca de 10,0 cm para cima do ombro, e contornar a base frente.

5. Marcar **C** na linha **A**, achando a cintura.

6. **C → C1** Traçar uma linha reta sobre a linha de cintura até a linha **B**.

7. Alinhar a base de blusa costas na linha **B** a partir de **C1** (**C1 ↑ B** = centro costas).

8. Traçar uma linha paralela à linha **C C1** à 4,0 cm, marcando **C2** e **C3**.

9. Alinhar a parte mais reta da base de calça frente à linha vertical de **A** em **C2**.

10. Repetir a operação com a base de costas.

11. No caso das nossas bases de calça e blusa, as pences da cintura não ficarão na mesma direção. Redesenhar a pence da calça da cintura para baixo, unindo à pence da blusa.

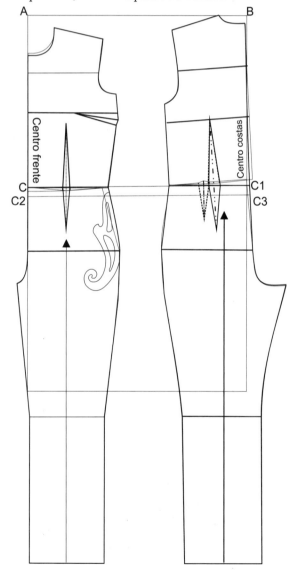

Figura 1

Macacão

12. No caso da nossa base de calça, como não temos pence na frente, devemos acrescentá-la. Prolongue, até 12,0 cm na calça, a medida da pence da blusa.

13. Traçar a linha lateral frente, unindo blusa à calça, acrescentando a medida da pence.

14. Redesenhar a linha lateral costas, alinhando blusa e calça.

15. Descer 1,0 cm no decote frente.

Na **Figura 2**, tem-se as bases frente e costas do macacão prontas para serem usadas em interpretações de modelo.

Lembrete: a base apresentada não tem folga de vestibilidade, portanto, será colada ao corpo.

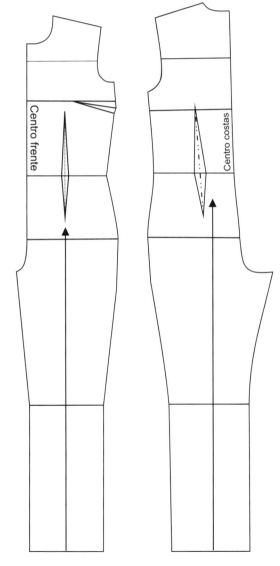

Figura 2

MODELAGEM PLANA FEMININA

MACACÃO UTILITÁRIO

1. Contornar a base de macacão frente e costas, deixando margem no entorno de pelo menos 5,0 cm.

2. Acrescentar 1,0 cm a toda a lateral do molde até o quadril, frente e costas, o que dará o total de 4,0 cm na circunferência total do modelo. Ligar a perna do macacão em linha reta do quadril à bainha.

3. No molde frente e costas, descer 1,5 cm no gancho, entrepernas, e sair no comprimento do gancho 2,0 cm.

4. Redesenhar as curvas de gancho e ligar as entrepernas do novo gancho até a bainha, em linha reta, conforme **Figura 1**.

5. Descer 1,5 cm na altura da cava frente e costas.

6. Entrar 0,7 cm na junção ombro/decote.

7. Marcar a altura do patte de abotoamento no meio frente do decote até a altura do quadril.

8. Traçar uma linha paralela ao meio frente a 1,5 cm de distância em toda a extensão do patte.

> ### Observação:
> **Na linha de cintura, marcar 2,0 cm para cima e 2,0 cm para baixo da linha. Marcar 1,0 cm para cada lado da pence, transformando a pence em prega. Acrescentar seta da lateral para o centro (direção da prega).**

9. Nas costas, conservar a pence e marcar os pontos de vértice para costura.

10. Construir o patte de abotoamento com largura total de 6,0 cm, pois será aplicada dobrada e com o comprimento do decote até o quadril, conforme a **Figura 1**.

Lembrete: ao patte também deve-se acrescentar costura, posteriormente.

11. Marcar a posição da lapela e do bolso 2,0 cm acima da linha de busto e 3,5 cm da linha na qual será aplicado o patte. Desse ponto em diante, seguir em linha reta à linha do busto e marcar com 13 cm o final da lapela.

12. Desenhar traçado do bolso conforme a **Figura 1**.

13. Descer 1,5 cm da linha da lapela e marcar em paralelo com - 0,5 cm da marcação da lapela; marcar a localização com pontos na **Figura 1**.

14. Copiar contorno do molde da **Figura 1** frente e costas. Não se esquecer de copiar as marcações de pregas frente, pence do busto, localização de bolso e lapela e pence das costas do macacão.

GOLA (FIGURA 2)

Copiar o modelo de gola esporte fechada apresentado na página 102.

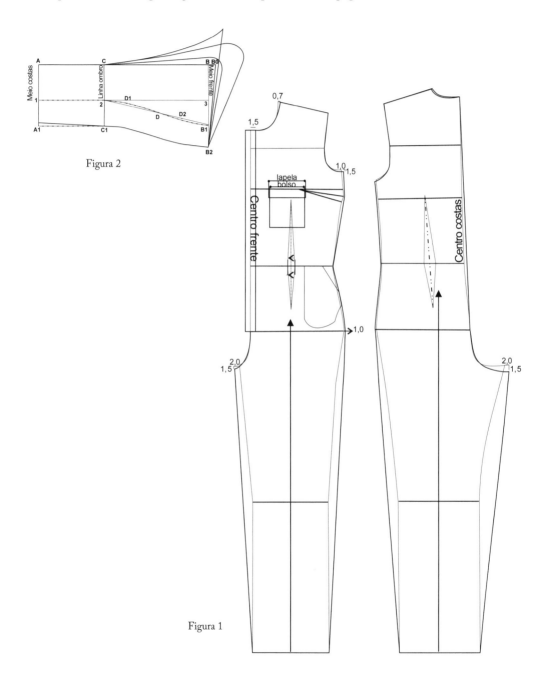

Figura 2

Figura 1

MANGA (FIGURA 3)

1. Construir uma base de manga simples, conforme esquema já apresentado anteriormente, diminuindo 6,0 cm no comprimento.

2. Como elaborado na cava do macacão, descer 1,5 cm e sair na largura, na direção da cava frente e costas, 1,0 cm para cada lado e 0,5 cm para cada lado na boca da manga.

3. Como será uma manga com carcela e sem prega, podemos marcar a circunferência da boca da manga com a medida do punho (conforme tabela na página 17) + 2,0 cm de folga. Marcar 1/2 desse valor a partir do meio da manga.

4. Marcar 1/4 da boca da manga a partir da lateral costas e esquadrar em linha reta 8,0 cm para marcar a abertura da carcela, conforme **Figura 3**.

PUNHO (FIGURA 4)

Construir um retângulo com a medida da circunferência da boca da manga + 3,0 cm de transpasse, com largura de 6,0 cm.

CARCELA (FIGURA 5)

1. Construir o molde em retângulo de 5,0 cm de largura por 8,0 cm de altura. Subir na linha lateral + 3,0 cm na altura.

2. Traçar uma linha paralela à linha lateral prolongada, com distância de 2,5 cm (1/2 da largura do retângulo).

3. Traçar uma linha que una a ponta da linha lateral à nova linha paralela, fechando o novo retângulo formado. Dividir esse novo retângulo formado ao meio - 2,5 : 2 = 1,25 cm; desse ponto, subir 1,0 cm.

4. Unir as duas linhas laterais desse retângulo em linha reta ao ponto central que marcamos, formando um triângulo (**Figura 3**).

5. Para o outro lado da abertura, construir um retângulo de 2,5 cm de largura por 8,0 cm de altura, que será usado dobrado ao meio para a costura.

Macacão

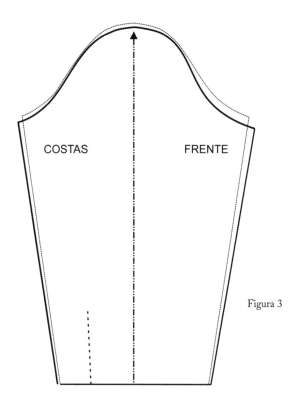

Figura 3

Figura 4

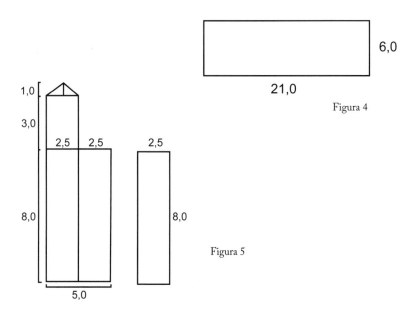

Figura 5

BOLSO DA BLUSA E LAPELA E BOLSO DA CALÇA

1. Para o bolso da blusa, construir um retângulo de 18,0 cm de largura por 15,0 cm de altura.

2. Marcar o meio da largura do bolso. Marcar pique a 1,5 cm de cada lado do meio. Marcar piques para determinar a profundidade da prega macho, ou seja, 3,0 cm para cada lado dos dois primeiros piques. Fazer setas com a ponta para indicar do primeiro pique ao segundo, repetir a seta para o outro lado conforme **Figura 6**.

3. Construir gabarito com medida final do bolso. Medida: 12,0 cm de largura por 15,0 cm de altura do gabarito à lapela, com retângulo de 13,0 cm de largura por 5,0 cm de altura.

> **Observação:**
> **O molde do gabarito não tem margem de costura.**

4. Construir um novo retângulo, já duplo, para a lapela. Medida: 13,0 cm de largura por 10,0 cm de altura (**Figura 7**).

5. Construir limpeza da boca do bolso, que será aplicada após ter fechado a prega macho do bolso retângulo, com medida de 12,0 cm de largura por 4,0 cm de altura.

6. Bolso da calça. Copiar o traçado do bolso duas vezes, uma usando a linha lateral e outra, a linha da boca do bolso.

7. Espelhar o bolso para um lado com a lateral e para outro somente com a boca do bolso. Usar a linha de junção das duas partes para determinar o fio do molde (**Figura 8**).

Macacão

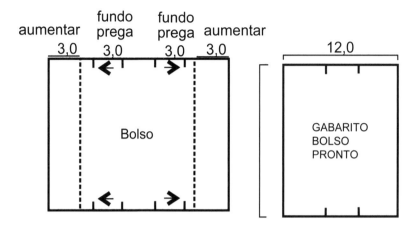

Figura 6

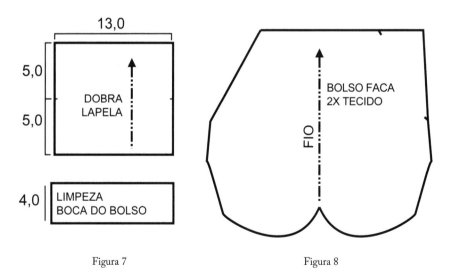

Figura 7 — Figura 8

FAIXA E PASSANTES

1. Para a faixa, fazer um retângulo que será cortado com comprimento paralelo ao fio do tecido e será montado com molde dobrado. Medida: 180,0 cm de comprimento por 8,0 cm de largura.

2. Para os passantes, construir um retângulo de 28,0 cm por 2,0 cm. Em seguida, acrescentar costura à largura, fechá-lo dobrado para formar uma tira e dividir em quatro passantes que serão aplicados a cada 1/4 da circunferência da cintura, partindo da lateral.

PASSANTES 1X TECIDO
DIVIDIR EM 4 PASSANTES DEPOIS DE PRONTO

FAIXA DA CINTURA
1X TECIDO

Macacão

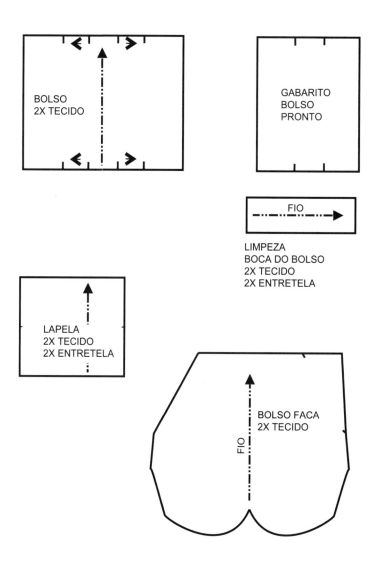

MODELAGEM PLANA FEMININA

Macacão

Para finalizar, acrescentar costuras aos moldes, exceto no gabarito. Acrescentar as informações para corte.

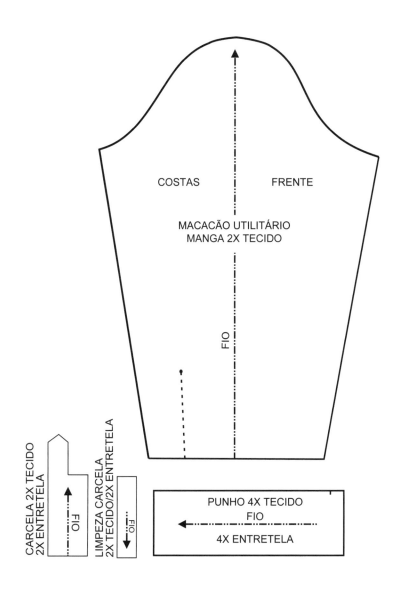

MODELAGEM PLANA FEMININA

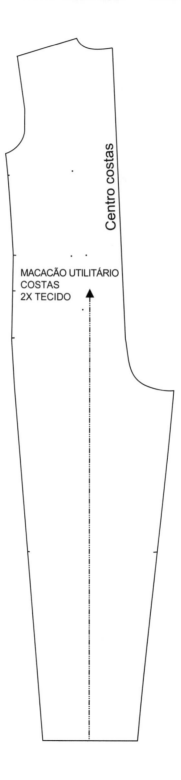

Processos criativos
no dia a dia

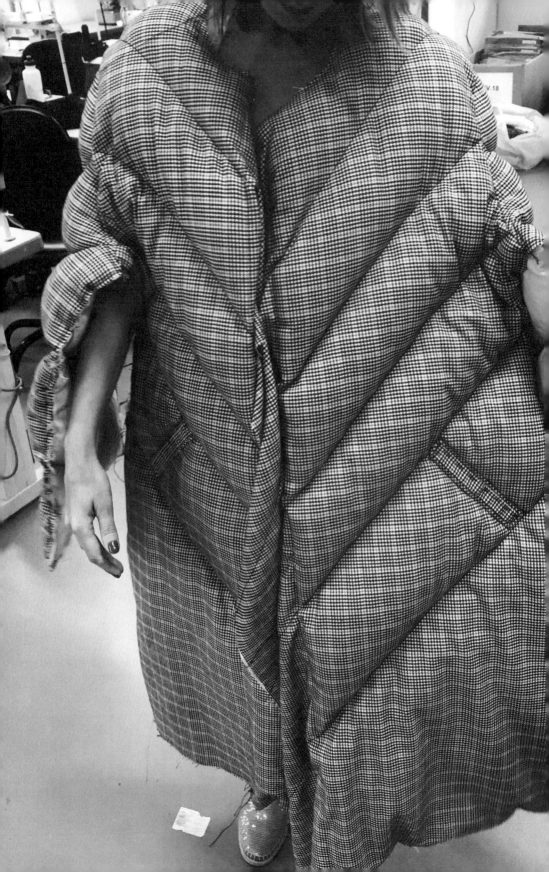

MODELAGEM PLANA FEMININA

A Editora Senac Rio publica livros nas áreas de Beleza
e Estética, Ciências Humanas, Comunicação e Artes,
Desenvolvimento Social, Design e Arquitetura, Educação,
Gastronomia e Enologia, Gestão e Negócios, Informática,
Meio Ambiente, Moda, Saúde, Turismo e Hotelaria.

Visite o site www.rj.senac.br/editora, escolha os títulos
de sua preferência e boa leitura.

Fique atento aos nossos próximos lançamentos!
À venda nas melhores livrarias do país.

Editora Senac Rio
Tel.: (21) 2018-9020 Ramal: 8516 (Comercial)
comercial.editora@rj.senac.br

Fale conosco: faleconosco@rj.senac.br

Este livro foi composto nas tipografias Akzidenz e
Adobe Caslon Pro e impresso pela Imos Gráfica e
Editora Ltda., em papel *couché matte* 120 g/m^2, para a
Editora Senac Rio, em setembro de 2023.